U0313197

现代生物农业·农学

甜高粱苗期对苏打盐碱胁迫的适应性机制

戴凌燕　著

科学出版社

北　京

内 容 简 介

土壤盐碱化制约作物生长并导致减产，甜高粱耐盐碱、生物产量高、可食用和饲用，是最有发展潜力的作物之一。本书描述了不同甜高粱品种在苏打盐碱胁迫后生长发育、渗透调节、活性氧清除、Na^+吸收与分配、有机酸变化与分泌、叶片解剖结构、叶绿体及线粒体超微结构、转录及蛋白质组等方面的变化及差异；以生理生态学指标为基础，从DNA和蛋白质分子水平上全面阐述甜高粱苗期对苏打盐碱胁迫的适应性机制，可为盐碱地甜高粱种植种质筛选和栽培提供参考，并为甜高粱及禾本科植物耐盐碱相关基因克隆或抗盐碱基因工程育种提供基因资源。

本书可供从事农业、畜牧业、环境生态、能源加工有关的科研工作者、管理者和生产者参考，也可为农业相关的大专院校师生、科研院所从事相关工作人员参考使用。

图书在版编目（CIP）数据

甜高粱苗期对苏打盐碱胁迫的适应性机制/戴凌燕著. —北京：科学出版社, 2017.7

（现代生物农业·农学）

ISBN 978-7-03-052062-3

Ⅰ. ①甜… Ⅱ. ①戴… Ⅲ. ①甜高粱–苗期–苏打盐土–适应性–研究 ②甜高粱–苗期–盐碱土–适应性–研究 Ⅳ. ①S566.506.1

中国版本图书馆 CIP 数据核字(2017)第 047650 号

责任编辑：李秀伟 岳漫宇 / 责任校对：钟 洋
责任印制：张 伟 / 封面设计：刘新新

科 学 出 版 社 出版
北京东黄城根北街 16 号
邮政编码：100717
http://www.sciencep.com

北京京华虎彩印刷有限公司 印刷
科学出版社发行 各地新华书店经销

*

2017 年 7 月第 一 版 开本：B5 (720×1000)
2018 年 1 月第二次印刷 印张：9 1/4
字数：186 000
定价：**78.00 元**

(如有印装质量问题，我社负责调换)

前　言

盐渍化土壤是重要的土地资源，广泛分布于全世界 100 多个国家和地区，面积达 $1.0×10^9$ hm^2，占陆地总面积的 30%左右。其中约有 23%是氯化物盐土，另外还约有 37%的苏打盐碱土。我国是世界盐碱地大国，各类盐渍土面积约 $3.46×10^7$ hm^2，耕地盐碱化面积约 $7.6×10^6$ hm^2，近 1/5 耕地发生盐碱化。且随着干旱频繁发生、化肥使用和灌溉农业的发展，次生盐碱地面积还在逐年扩大。我国盐碱土主要分布在东北、华北、西北内陆地区，东部黄淮海平原，三江平原及长江以北沿海地带，高原地区也有分布。土壤盐渍化给农林业生产造成严重影响，是当今世界旱地农业面临的四大生态环境问题（干旱缺水、水土流失、风蚀沙化和土壤盐碱化）之一。如何有效利用盐碱化土地成为国内外科学家亟待解决的问题。

甜高粱[Sorghum bicolor (Linn.) Moench]是 C_4 植物，具有生物产量高、乙醇转化效益高、环境友好型、综合利用价值高和抗逆性强、适应性广等优势。可在高温、低洼和盐碱等边际性土地上种植。其作为新兴的糖料、饲料和能源作物越来越受到人们的重视，是最有发展潜力的能源作物之一。因此，发展甜高粱种植业，对缓解我国能源紧缺、改善能源结构、促进能源利用向环境友好型转变；减少二氧化碳排放，减缓环境恶化；综合开发能源利用的循环经济产业链、促进我国农村工业发展、解决农村劳动力就业具有十分重要的意义。

在盐碱地改良利用过程中，可采用水利、化学和生物等措施，但综合现有的治理措施不难发现，植物修复是盐渍化土地恢复的最经济有效的措施。甜高粱作为耐盐碱、具有发展潜力的作物目前在我国还未得到全面的开发和利用，一方面，甜高粱种质资源匮乏，多年的育种成果较少；另一方面，甜高粱作为小作物，科技工作者对其研究较少，尤其是在抗性生理方面。目前针对甜高粱耐盐性的研究主要集中在对中性盐（如 NaCl）胁迫的响应上，而对碱性盐胁迫的研究较少；少量研究仅针对耐盐碱性筛选、抗性生理指标变化方面而开展，缺少系统性的研究。

本书著者是黑龙江八一农垦大学戴凌燕，本书是其近十年对甜高粱响应苏打盐碱胁迫适应性机制系统研究的总结，包括芽期和苗期耐苏打盐碱胁迫甜高粱种质资源筛选、甜高粱苗期对苏打盐碱胁迫生理生化适应性、生态适应性和 DNA 及蛋白质分子水平适应性几大方面。通过研究苏打盐碱胁迫对甜高粱幼苗生长及生理指标的影响，并对甜高粱耐性及感性品种盐碱胁迫后的生理及生态响应进行比较分析，明确阐述甜高粱适应苏打盐碱胁迫的生理机制，为甜高粱在盐碱土壤上种植的种质筛选和栽培提供参考；同时对盐碱胁迫后甜高粱的差异表达基因和蛋白质进行分析，获得的耐盐碱相关基因可丰富甜高粱抗性基因资源库，为利用转基因技术培育耐苏打盐碱甜高粱新品种提供理论依据。著作成果推广和应用将具有推动甜高粱规模化生产及加快盐碱地改良利用步伐的重要实践意义。

本书相关研究得到了著者主持的国家自然科学基金项目"蔗糖转运蛋白 *SUT1* 基因在甜高粱源库互作关系中的功能研究"（31101194）和黑龙江省自然科学基金项目"利用 *CRISPR/Cas9* 基因组定点编辑技术降低高粱醇溶蛋白含量的研究"（C2016046）等项目支持，并参考了相关国内外文献资料总结而成。感谢研究过程中给予指导的沈阳农业大学张立军教授、阮燕晔教授和樊金娟教授，黑龙江八一农垦大学殷奎德教授；感谢参与实验和数据整理的张成才、刘朋、尚宝龙、尹鹏、王建、王楚庭、张春宇、牛江帅和蔡欣月等学生的努力付出；感谢黑龙江省农业科学院作物育种研究所王黎明研究员和河北省农林科学院谷子研究所侯升林研究员无私馈赠甜高粱品种资源。在此一并对本书研究给予支持的领导和同行表示感谢！

由于著者水平有限，书中难免存在不足之处，衷心希望读者和同行给予批评指正！

作　者

2017 年 5 月

目　　录

第一章　植物与盐碱胁迫概述

土壤盐渍化给农林业生产造成严重影响，是当今世界旱地农业面临的四大生态环境问题（干旱缺水、水土流失、风蚀沙化和土壤盐碱化）之一。盐渍化土壤是重要的土地资源，目前广泛分布于全世界 100 多个国家和地区，面积达 $1.0×10^9$ hm^2（王遵亲，1993），占陆地总面积的30%左右，分布在世界各大洲干旱地区。我国是世界盐碱地大国，各类盐渍土面积约 $3.46×10^7$ hm^2，耕地盐碱化面积约 $7.6×10^6$ hm^2，近 1/5 耕地发生盐碱化（刘阳春等，2007）。在土地资源日益匮乏的今天，盐渍化土地作为潜在土地资源仍受到各国政府和科学家的重视。

大庆市地处松嫩苏打盐渍区，共有盐碱化土地 $2.87×10^5$ hm^2，占全市总土地面积的59.4%，其中耕地约 $2.09×10^4$ hm^2，约占耕地面积的20.9%，其余为牧业和其他用地（黑龙江省土地管理局和黑龙江省土壤普查办公室，1992）。由于本区历史上是由低洼湖区沉积而成，土壤盐碱度较高，尤其是现存的湖泊附近土壤盐碱度更高。大庆地区盐渍化土壤属于苏打盐碱化土壤，其特点是 pH 在 8 以上，$NaHCO_3$ 含量也很高，毒性大，抑制了该区农业生产的发展（贾立平等，2000）。近年来，由于油田开发和其他人为因素的影响，土壤盐碱化现象日益加重，已经成为制约本区经济、社会和生态环境可持续发展的关键因素（王文柱和张庆成，1987）。

甜高粱[*Sorghum bicolor* (Linn.) Moench]作为新兴的糖料、饲料和能源作物越来越受到人们的重视，是最有发展潜力的能源作物之一，甜高粱与其他作物比较有以下几点优势：①生物产量高。高粱是 C_4 植物，其生长快，产量高。甜高粱茎秆产量一般为 45 000～75 000 kg/hm²，籽粒产量为 3000～5000 kg/hm²，它的茎秆富含糖分，糖度在 16%～22%，一般每公顷产糖量为 75 t，高产记录为 160 t/hm²（黎大爵和廖馥荪，1992；Bassam，1998）。②抗逆性强，适应性广。甜高粱具有抗旱、耐涝、耐盐碱、耐瘠薄、耐高温和耐干热风等特点，非常适合在水资源缺乏的干旱和半干旱地区种植，被称为"作物中的骆驼"（邹剑秋等，2003）。甜高粱可以在高温、低洼和盐碱等边际性土地上进行生产，达到不与粮争地的目的。③乙醇转化效益高。据 2005 年美国农业部资料，用甜高粱生产乙醇的成本为 0.2 美元/加仑*，甜菜为 5.72 美元/加仑，甘蔗为 1.56 美元/加仑（袁振宏等，2004）。④环境友好型。甜高粱具有高水肥利用率、适合免耕、低投入和水土保护型的特点，且以甜高粱生产的乙醇具有高燃油值及燃烧后低硫排放的特点。⑤综合利用

---

* 1 加仑（美）=3.785 43 L

价值高。甜高粱籽粒可食用、酿酒用或作饲料；茎秆富含糖分，可制酒或燃料乙醇；叶片和制酒（乙醇）后的酒糟可饲喂奶牛；茎秆生产乙醇后的废渣可用于造纸，制纤维板或作饲料，能实现充分利用，滚动增值。因此，发展甜高粱种植业，对缓解我国能源紧缺、改善能源结构、促进能源利用向环境友好型转变；减少二氧化碳排放，减缓环境恶化；综合开发能源利用的循环经济产业链、促进我国农村工业发展、解决农村劳动力就业具有十分重要的意义。

第一节　盐碱胁迫对植物的伤害

一、盐碱胁迫

盐碱环境是指在水体、土壤、地层、大气、各种宏观或微观环境中含有较高的盐分。盐碱土是地球上分布广泛的一种土壤类型，是一种重要的土地资源。其中约有 23%是氯化物盐土，另外还约有 37%的苏打盐碱土（杨春武等，2007），广泛分布于世界各大洲干旱地区的 100 多个国家。我国是世界盐碱地大国，耕地盐碱化面积 7.6×10^6 hm^2，近 1/5 耕地发生盐碱化。而且随着干旱频繁发生、化肥使用和灌溉农业的发展，次生盐碱地面积还在逐年扩大（王越等，2006；祁栋灵等，2007）。我国盐碱土主要分布在东北、华北、西北内陆地区，东部黄淮海平原，三江平原及长江以北沿海地带，高原地区也有分布（吴淑杭等，2007）。东北地区盐碱土面积 3.84×10^6 hm^2，其中盐碱土耕地总面积 1.28×10^6 hm^2，是我国土地盐碱化最严重的地区之一，同时也是世界三大苏打盐碱土集中分布区之一（王有华和王素霞，1994）。黑龙江省的盐碱地主要分布在松嫩平原西部低洼闭流地带，总面积约 1.9×10^6 hm^2，其中耕地盐碱化面积为 5.67×10^5 hm^2（尹喜霖等，2004）。

盐碱土是盐土和碱土，以及各种盐化和碱化土的总称。盐土是指含有大量可溶性盐类而使大多数植物不能生长的土壤，其盐含量一般达 0.6%～1%或更高；碱土是土体中含有较多的苏打、交换性 Na$^+$占阳离子总代换量的百分率（ESP）超过 20%、pH 在 9 以上，而且具有被 Na$^+$分散的胶体聚集的碱化沉积层的土壤。中国内陆地区的盐碱地，土壤盐化和碱化一般协同发生，所以长期以来人们将土壤中可溶性盐分的逐年增加笼统地称为"土壤盐碱化"。盐碱地由于土壤内大量盐分的积累，引起一系列土壤物理性状的恶化：结构黏滞，通气性差，容重高，土温上升慢，土壤中好气性微生物活动性差，渗透系数低，毛细作用强，更导致表层土壤盐碱化的加剧（时冰，2009）。

逆境是对植物生长发育不利的环境，逆境对植物的作用称为胁迫。通常把以NaCl、Na$_2$SO$_4$ 为主的中性盐对植物的胁迫定义为盐胁迫，而把以 Na$_2$CO$_3$ 和NaHCO$_3$ 为主的碱性盐造成的胁迫定义为碱胁迫。盐胁迫对植物的伤害主要有渗透胁迫、离子毒害及离子不平衡造成营养亏缺等伤害，植物对盐胁迫的生理响应也以消除离子毒害和体内渗透调节为主；而碱胁迫除造成以上中性盐相同的胁迫外，还有高 pH 胁迫等。目前许多研究表明碱胁迫对植物造成的伤害要远大于盐胁迫（石德成和殷立娟，1993；Tang and Turner，1999；李玉明等，2002；Shi and Sheng，2005）。其原因可能为：①碱胁迫使根系环境 pH 升高，根正常生长受到伤害的同时也会明显影响根系对 Ca、Mg 和 P 的吸收利用，导致离子平衡及矿质营养严重失调；同时还将降低根系对气体的吸收。②根系为应对周围环境 pH 的升高，可能会向周围环境分泌一些物质，如柠檬酸（石德成等，2002；颜宏等，2005）。这将影响能量在植物体内的分配，使植物在盐碱胁迫时需要消耗更多的能量去抵抗逆境，从而更严重地抑制植物生长。

二、盐碱胁迫对植物造成的伤害

盐碱化的主要特征是土壤中含有大量的可溶盐，盐分的增加降低了土壤水势，导致植物吸水困难，造成生理干旱，影响生长发育和光合作用等正常的生理过程。过量的盐离子会对植物造成单盐毒害并影响植物对其他离子的吸收，造成植物营养不良。同时盐胁迫也会引起植物组织和细胞受到伤害及生物膜透性增加。此外，还会引起植物代谢生理紊乱，如光合作用下降、呼吸作用不稳定、蛋白质的合成受阻而分解加速、积累有毒物质、耗能增加、加速衰老及死亡等。而以 Na_2CO_3 和 $NaHCO_3$ 为主的盐碱胁迫对植物造成的伤害除包含上述内容外，还会引起其他一些严重的伤害，如大量 Na^+ 存在可使叶子边缘焦枯，形成生理灼伤现象；交换性 Na^+ 过量存在，将恶化土壤理化性质，降低土壤导水性，使表层土易干燥、板结，抑制植物出苗生长；高 pH 环境使 Ca、Mn、P、Fe 等元素易被土壤固结，不易被植物吸收；高 pH 环境破坏作物根部的各种酸，影响植物新陈代谢，特别对幼嫩植物的芽和根直接产生腐蚀作用。

（一）盐碱胁迫对种子萌发的影响

种子萌发是植物植株建成的第一环节，其质量的好坏直接影响到大田作物是否苗壮和苗全，进而影响到产量。而种子在盐碱胁迫下能够萌发是作物盐碱地种植的前提条件。种子的耐盐碱能力直接影响着作物幼苗的数量，制约着种群的大小，并影响着种群的分布（Al-Khateeb，2006；Qu et al.，2008）。研究表明，盐碱胁迫对种子的萌发有明显的抑制效应，表现为种子萌发率降低及萌发时间滞后。究其原因可能是盐碱胁迫干扰种子内部的许多生理生化过程，也可能影响核酸复制及蛋白质合成等代谢过程，导致种子无法萌发或延迟萌发（Rehman et al.，1997；Ashraf et al.，2006）。韩春梅等（2009）发现，随着 NaCl 胁迫浓度的增大，莴笋种子的相对发芽率呈下降趋势，当盐分达到一定浓度时会完全抑制种子的萌发。郎志红（2008）采用混合盐碱胁迫（NaCl 和 Na_2CO_3）处理 3 种盐生植物芨芨草、苦豆子和紫花苜蓿的种子，结果表明随着浓度的增加，种子萌发受抑制程度也增加。陈忠林等（2010）的研究表明，在碱胁迫下，结缕草和高羊茅种子的发芽率、发芽势、发芽指数，以及胚芽长和胚根长均随着碱胁迫浓度的升高而呈降低趋势。王树凤等（2007）发现毛红椿和松种子随着盐分浓度的升高，其发芽时间推迟，发芽率也随着盐度的升高而逐渐降低。马翠兰等（2003）研究盐碱胁迫对柚、橘种子萌发的影响，发现胁迫导致发芽时间延长。但较多研究认为低盐浓度处理对种子萌发具有一定的促进作用（苑盛华等，1996；阎秀峰和孙国荣，2000；卢静君等，2002；于凤芝，2004）。谢得意等（2000）认为低盐对种子有浸种作用，为萌动提供适宜的生长环境，并增进了膜代谢活性。由于碱性盐对种子萌发除了造成离子胁迫外，还存在高 pH 环境及降低矿质元素可利用性等特殊危害。研究表明，与中性盐胁迫和混合盐碱胁迫相比，碱胁迫对种子萌发的影响更大（张丽平等，2008；郎志红，2008）。此外，苑盛华等（1996）发现不同树种、同一树种不同种源的种子耐盐能力差异明显。陈坚和周木虎（2002）得出苦瓜不同品种的发芽率在相同 NaCl 浓度下存在极显著差异。

（二）盐碱胁迫对植物生长及发育的影响

土壤里过多的盐分可降低土壤溶液的渗透势，使土壤水势降低，导致植物吸水困难，抑制种子不萌发或延迟发芽，且生长着的植物也不能吸水或吸水很少，形成生理干旱。同时过量的盐离子会对植物产生毒害作用并抑制植物对其他营养离子的吸收和利用（杨继涛，2003）。植物的生长进程对盐胁迫非常敏感，当植物被转移到盐逆境几分钟后生长速率就有所下降，其下降速度与根际渗透压成正比（Munns and Termaat，1986）。盐碱胁迫对植物个体发育的影响非常显著，主要体现在抑制植物组织和器官的生长和分化，提前植物的发育进程（张景云和吴凤芝，2007），使禾本科植物叶面积缩小、分蘖数和籽粒数减少，并使营养生长期和开花期缩短（许祥明等，2000）。Grieve 等（1993，1994）研究发现盐胁迫降低了小麦叶原基的发生率，使叶片数减少，小麦主茎发育被缩短了 18 d，开花时间也缩短了，认为盐胁迫可加速植物的成熟。也有研究显示，盐胁迫可推迟植物的发育，如 NaCl 可延迟水稻和桃树开花（杨微，2007），盐胁迫可使小麦的分蘖发育被延迟 4 d（Maas and Grieve，1990），高盐浓度可使海滨锦葵营养生长期和生殖生长期都推迟（周桂生等，2009）。

许多研究也表明盐碱胁迫对植物的正常生长产生了抑制。盛彦敏等（1999）研究碱性复合盐对向日葵生长的影响，结果表明盐碱胁迫降低了向日葵的叶面积、根系活力、植株相对生长量，且胁迫作用随着盐浓度的上升而增强。苗海霞等（2005）通过研究盐胁迫下苦楝根系活力发现，盐胁迫能显著抑制苦楝根系和地上部分的生长，对苗木含水量和根系活力有显著影响。秦景等（2009）的研究表明，沙棘和银水牛果幼苗生物量、单株总叶面积、叶片的比叶质量随 NaCl 浓度增加均下降。韩亚琦等（2007）研究认为盐胁迫下槲栎生长量和生物量都受到明显抑制。总的来说，植物受环境胁迫时，生长被抑制，且含有碱性盐的胁迫对生长抑制作用明显大于中性盐胁迫（石德成，1995；石德成等，1998；颜宏等，2005）。盐分对幼苗地上部的抑制作用大于对根系的（王宝山等，1997；Ramoliya and Pandey，2003；Debez et al.，2004）。

（三）盐碱胁迫对植物生物膜的影响

生物膜起着划分和分隔细胞及细胞器的作用，同时因膜上具有大量酶的结合位点，使生物膜成为许多重要生理生化代谢的主要场所。而盐胁迫对植物的伤害，很大程度上是通过破坏生物膜的生理功能所引起的（Levitt，1980）。当植物生长在盐渍环境中时，盐胁迫引起伤害的最直接的作用部位是细胞膜，使其发生一系列的变化，其组分、透性、离子流速等都会受到影响而发生变化。Cramer 等（1985）首次直接证明细胞膜上 Ca^{2+} 被外界 Na^+ 取代是离子胁迫破坏细胞膜完整性的原因之一。后来一些学者研究进一步验证了该理论，认为盐胁迫中 Na^+ 浓度增大后破坏了细胞膜上正常的 Na^+/Ca^{2+} 数值，从而导致透性增大（赵可夫和李军，1999；戴高兴等，2003；邵红雨等，2006）。在植物抗逆研究中，细胞膜透性变化已经成为一个公认的指标，通常认为耐性强的品种在盐胁迫下细胞膜透性变化较小，而敏感品种变化较大（袁琳等，2005）。此外，盐胁迫还增大生物膜的膜脂过氧化作用，产生丙二醛和大量的活性氧，进而损害膜的正常生理功能，影响细胞代谢作用，细胞的生理功能受到破坏。

（四）盐碱胁迫对植物叶片显微及超微结构的影响

植物器官的形态结构是与其生理功能和生长环境密切相适应的。在长期外界生态因素的影响下，叶在形态结构上的变异性和可塑性最大，即叶对生态条件的反应最为明显（王怡，2003）。盐碱地区的植物除了受到盐分胁迫外，同时也受到干旱胁迫，叶是植物进行同化与蒸腾的主要器官，与周围环境有着密切联系，因此，植物对环境的反应也较多地反映在叶的形态和结构上。迟丽华和宋凤斌（2006）对松嫩平原西部盐碱地区生活型不同的 10 种优势植物的显微结构特征进行研究，结果表明，不同植物叶片之间具有明显的差异，并且植物叶片的形态解剖结构明显表现出与其生态环境相适应的特征。大量研究表明，盐碱胁迫导致植物叶片叶面积变小、叶肉质化、很多叶片向等面叶发展，角质层加厚、海绵细胞变长、栅栏细胞增多、叶肉中贮水细胞发达（Kocsy et al.，1991；朱宇旌等，2001；肖雯，2002；王羽梅等，2004）。

盐碱胁迫对植物叶片的显微结构影响也较大，国内外相关研究主要集中在叶片叶绿体和线粒体两个细胞器上。综合前人研究结果（郑文菊和张承烈，1998；孔令安等，2000；刘爱峰等，2000；Parida et al.，2003），盐胁迫后叶绿体超微结构发生如下明显变化：①叶绿体形状发生改变；②类囊体排列紊乱、膨大、扭曲、松散，部分基粒和基质片层类囊体膜解体，空泡化，甚至消失；③基粒排列方向改变；④叶绿体内淀粉粒体积增大及数量增多；⑤嗜锇颗粒数目和体积均增加。而且华春和王仁雷（2004）证实水稻耐盐品种叶绿体结构对盐胁迫的稳定性明显强于盐敏感品种。同时盐碱胁迫也造成线粒体损伤，使线粒体膨大，线粒体嵴数目减少（Mitsuya et al.，2000；刘吉祥等，2004）。郑文菊等（1999）研究认为叶绿体和线粒体的膨胀是结构上对盐的适应；而叶绿体嗜锇颗粒数目多、淀粉粒数量多、外膜膨胀形成泡状结构，以及线粒体、粗面内质网及核糖体数量的增加，则是抵抗盐害的方式。

（五）盐碱胁迫对植物生理生化代谢的影响

1. 对光合作用的影响

大量研究证明，盐碱胁迫对盐生植物和非盐生植物光合作用的抑制都非常明显。且随着外界盐浓度的提高，被抑制的程度也越大（许祥明等，2000）。盐碱降低光合作用的原因有：①生理干旱引起气孔导度下降，从而影响光合气体交换（Cramer and Bowman，1991；秦景等，2009）；②盐会对老叶产生毒害，引起叶片过早衰老而降低植物光合叶面积（Munns，2002）；③叶绿体结构与功能遭到破坏，引起同化力减少，光合能力下降（叶春江和赵可夫，2002；Wang et al.，2003；姜卫兵等，2003）；④叶绿素合成受阻，分解加强，从而降低叶绿体对光能的吸收（Rao GG and Rao GR，1986；Carter and Cheeseman，1993；刘玉杰和王宝增，2007）；⑤光合作用相关酶活性受到抑制，尤其是 CO_2 同化作用的关键酶 Rubisco 和 PEP羧化酶（尹红娟，2008）；⑥使光合产物在叶肉细胞中积累，产生反馈抑制（潘瑞炽，2004）。王仁雷等（2002）研究盐胁迫对水稻光合特性的影响时发现，耐盐品种光合相关指标的增减幅度小于不耐盐品种。

2. 对呼吸作用的影响

呼吸作用是植物物质代谢与能量代谢的中心，可释放各种生理活动需要的能量，同时也为各主要物质之间的转变提供中间产物。盐碱胁迫对呼吸作用是促进还是抑制，主要取决于胁迫的浓度及时间，一般情况下，低浓度和短期胁迫促进植物呼吸，高浓度和长期胁迫则抑制植物呼吸。胁迫之初呼吸作用增强是因为：①合成和积累大量的有机物质（脯氨酸、甜菜碱、甘油等）来降低水势，而这些有机渗透调节物质的合成是需要植物消耗能量来改变代谢途径完成的；②无机渗透调节物质吸收及积累，此过程需要生物膜上相关蛋白的主动运输来完成；③为抵御盐胁迫的伤害，植物必然要消耗额外的能量用于更新和重建受损的组织结构；④合成一些新的逆境胁迫蛋白。因此，受盐碱胁迫的植物呼吸强度通常是先增强，后随时间的延长而减弱。菜豆在低盐浓度下呼吸作用被促进，而在高盐浓度下被抑制（利容千和王建波，2002）。Jahnke 和 White（2003）研究发现高盐度使得海藻的暗呼吸速率增加了 3 倍。棉花、豌豆等植物在受到盐胁迫时，植物组织的呼吸强度明显提高（郭艳茹和詹亚光，2006）。闫先喜等（1994）发现盐胁迫吸水后的大麦种子萌发 3 d 后，根尖存在大量变形的线粒体，认为这可能是由于代谢活动加强而出现的一种适应性反应。此外，盐胁迫下，植物体内呼吸作用相关酶的活性受到影响。刘家尧等（1996）研究表明盐胁迫抑制琥珀酸脱氢酶、苹果酸脱氢酶及柠檬酸脱氢酶等酶活性，影响了三羧酸循环的正常进行。陈海燕（2007）研究表明不同水稻品种受到盐胁迫后，糖酵解途径中一些关键酶（如磷酸葡萄糖异构酶、磷酸果糖激酶、丙酮酸激酶和醛缩酶）活性的作用在不同的品种中表现不同，有的被促进，有的被抑制或没有作用。

3. 对活性氧代谢的影响

植物在盐胁迫下，由于缺水及光能利用和同化受抑制，体内会积累过多的活性氧，包括超氧、过氧化氢、羟基和单氧等。它们具有穿透性，能够跨越细胞膜在细胞间游走。可损伤蛋白质和核酸，也能引起 DNA 结构的定位损伤，破坏植物的正常新陈代谢。同时也破坏生物膜的选择性，导致膜透性增大和膜脂过氧化的发生，最终造成植物不同程度的伤害甚至死亡。

4. 对其他代谢的影响

盐分过多会降低植物蛋白质的合成速率，加速贮藏蛋白的水解。随着物质代谢过程的改变，尤其氮代谢的中间产物，包括氨及由一些游离氨基酸转化而成的腐胺和尸胺，会对细胞产生毒害。细胞中盐分的积累促进细胞衰老和死亡，而衰老的机制可能是对膜系统和酶类的直接伤害、活性氧的伤害及质外体盐分积累导致的渗透效应。盐分过多会引起植物缺乏营养，贾洪涛和赵可夫（1998）发现 NaCl 胁迫引起碱蓬和玉米幼苗 K^+、Ca^{2+}、Mg^{2+}、Fe^{2+}、Zn^{2+} 和 NO_3^- 等必需元素的含量降低。

第二节　植物对盐碱胁迫的适应性反应

植物抵抗盐碱胁迫的方式主要有避盐性和耐盐性两方面。避盐性是指植物通过某些途径或方式避免体内盐分过多的方式，包括：植物将进入体内的盐分通过一些方式排出体外；或在植物体内建立起某些屏障、机能或特殊结构，阻止盐分进入植物体或植物的同化器官，从而避免盐分的伤害作用。耐盐性是指植物允许盐分进入植物体内，但植物可以通过一些生理途径的变化忍受盐分对它们的作用而不受害或受害较轻，维持其正常的生理活动（张万钧，1999；赵可夫和冯立田，2001）。根据植物的抗盐性不同，将植物分成盐生植物（halophyte）和非盐生植物

（non-halophyte）或称为甜土植物（glycophyte）。

一、避盐性

植物避盐方式主要有泌盐、稀盐和拒盐。

（一）泌盐

许多木本盐生植物都具有由叶片和茎部的表皮细胞在发育过程中分化来的盐腺。通过这些盐腺，植物将从根系吸收到体内的盐分排到体外，从而使植物体内盐分保持较低水平，免遭盐害，这就是泌盐作用。一些研究表明，在许多植物中都发现了盐腺，如二色补血草（陆静梅和李建东，1994）、野生大豆（陆静梅等，1998）、红树（Macfarlane and Burchett，2000）、灯芯草（Weis et al.，2002）、柽柳（张道远等，2003）和草坪草（Alshammary et al.，2004）。阎秀峰和孙国荣（2000）认为星星草是气孔排盐。而王厚麟和缪绅裕（2000）则认为，红树除盐腺外，还可通过表皮毛和腺毛排盐。此外，植物还可通过盐饱和器官（叶片）的脱落、淋溶及吐水等方式进行排盐。

（二）稀盐

有一些植物虽然没有盐腺，但在胁迫环境下吸收过多盐分后，可通过加快吸收水分或加快生长速率来稀释盐分。例如，大麦在轻度盐碱土壤中生长时，拔节前细胞内盐分浓度很高，但随着拔节快速生长盐分浓度降低；再如，肉质化植物碱蓬，在盐碱环境中叶片和茎部等器官的薄壁细胞大量增加，可以吸收和贮存大量水分进而冲淡盐度。

（三）拒盐

有些植物不让外界盐分进入植物体内，如长冰草虽生长在盐分较多的土壤中，但它的根细胞对 Na^+ 和 Cl^- 的透性较小，且不吸收，所以细胞累积 Na^+ 和 Cl^- 较少（潘瑞炽，2004）。有些植物虽然吸收了盐分，但可将盐分集中在根部和茎基部，不向上运输或运输较少，从而降低整体或地上部分的盐浓度，避免遭受盐害。

二、耐盐性

生长在不同生境中的植物表现出结构的差异，这通常被认为是对特定生境的进化适应。因此，当植物生长在盐碱胁迫的环境中时，一方面，可通过一些生理途径的变化而产生生理适应性；另一方面，还可能通过形态结构变化而形成一定的生态适应性。

（一）生理适应性

1. 离子区域化

在高盐环境下，植物体都会吸收大量的盐离子。甜土植物通常会将吸收的盐离子输送到老的组织和器官，把那里作为盐的储库，使幼嫩组织免受过量盐离子的伤害，而那些老的组织最终会死亡脱落（Cheeseman，1988）。而盐生植物和耐盐植物能大量吸收无机离子并将离子积累在某一区域，这就是离子区域化。液泡通常是离子积累的场所。离子区域化在植物耐盐过程中起到非常重要的作用：①离子积累到液泡中，可降低细胞的渗透势，使植物在高盐环境中继续吸水；②维持胞质溶胶中正常的盐浓度，避免对细胞器的伤害，减少对胞质中各种酶的影响；③增加液泡的膨压，使液泡体积增大，可进一步加大积累盐离子的空间。用多种方法对不同植物组织进行研究，结果表明植物的耐盐性与液泡离子区域化能力的大小有关（Serrano and Gaxiola，1994）。

Na^+从胞质向液泡运输主要是通过液泡膜上的 Na^+/H^+ 反向运输蛋白来完成的（Apse et al.，1999）。它是依靠液泡膜上的腺苷三磷酸酶（ATPase）和焦磷酸酶（PPase）建立的跨膜质子浓度梯度来驱动的。因此，液泡内离子区域化与液泡膜上 ATPase、PPase 和 Na^+/H^+反向运输蛋白三者是密切相关的。将 Na^+/H^+反向运输蛋白的 NHX1 基因转入拟南芥、油菜和番茄，结果发现转基因植株耐盐性明显提高，可耐受高达 200 mmol/L NaCl，且番茄的耐盐能力约提高 50 倍（Luttge et al.，1995；Kirsch et al.，1996；Waditee et al.，2001）。Barkla 等（1995）研究发现日中花被 200 mmol/L NaCl 处理后，叶片液泡膜上 H^+-ATPase 水解活性和质子泵活性都是对照的 2 倍。Wang 等（2001）认为对于盐生植物碱蓬来说，液泡膜上 H^+-ATPase 的上调表达是其最主要的耐受盐胁迫的策略。Qiu 等（2007）研究表明盐胁迫的碱蓬叶片液泡膜上 H^+-ATPase 水解活性和质子泵活性，以及 Na^+/H^+反向运输蛋白的活性均增加。Queirós 等（2009）发现马铃薯盐适应细胞系在盐处理时液泡膜 H^+-PPase 活性比对照增加 3 倍。但是，也有研究报道胡萝卜液泡膜上 H^+-ATPase 活性在盐胁迫时不发生变化（Colombo and Cerana，1993）。也有一些研究证明 NaCl 胁迫下液泡膜 H^+-PPase 活性降低（Otoch et al.，2001；Silva and Gerós，2009）。

2. 渗透调节

盐碱胁迫引起土壤水势降低，使植物吸水发生困难引起生理干旱，严重时可以导致植物细胞失水。植物可积累无机离子和小分子可溶性的有机代谢产物作为渗透调节物质。这些物质可以降低细胞的渗透势、维持细胞膜及细胞超微结构的稳定、保护蛋白质等生物大分子和清除活性氧。

（1）吸收积累无机离子

逆境下细胞内常常累积无机离子以调节渗透势，而在高盐环境中，盐生植物碱蓬和滨藜主要以从外界吸收和积累的无机离子（Na^+、K^+、Ca^{2+}、Mg^{2+}、NO_3^-、Cl^-和SO_4^{2-}）作为渗透调节物质，增加细胞汁液浓度，降低渗透势和水势，以保证正常的吸水。肖玮等（1995）表明盐胁迫下星星草幼苗可从外界环境中吸收大量无机离子作为渗透调节物质，以抵御盐分的胁迫作用。无机离子积累量和种类因植物种、品种和器官的不同而有差异。双子叶植物多以Na^+和Cl^-积累作为渗透调节物质，而单子叶植物则以K^+作为主要渗透调节物质（刘爱荣和赵可夫，2005）。植物对无机离子的吸收是一主动运输过程，需要消耗能量，在小麦和燕麦中发现这种吸收和积累与ATP酶的活性有关。多数情况下，随着盐分水平的升高，植物体内的Na^+和Cl^-含量升高，而K^+和Ca^{2+}含量降低。

（2）积累有机渗透调节物质

有机渗透调节物质主要包括脯氨酸、甜菜碱、可溶性糖类、有机酸、其他游离脯氨酸及各种酶类等。

在盐碱胁迫环境中，植物蛋白质合成受到抑制而蛋白质分解加速，导致细胞内游离氨基酸大幅度增加，其中以脯氨酸在渗透胁迫下最容易积累。但脯氨酸的积累究竟是植物耐盐的适应性反应还是胁迫引起植物损伤的征兆，目前还存在较大的争议。Petrusa 和 Winicov（1997）研究不同抗性苜蓿细胞株系对 NaCl 的反应时，得出脯氨酸积累与耐盐程度呈负相关的结论。后来一些研究者认为脯氨酸积累可能是植物受到盐害的结果（Soussi et al.，1998；Qian et al.，2001；张俊莲等，2006）。但是大多数的研究人员还是认为脯氨酸积累是植物为了对抗外界盐环境而采取的保护性措施。Kishor 等（1995）和 Su 等（1998）分别将脯氨酸合成途径的吡咯啉-5 羧基合成酶基因（P5CS）转入烟草和水稻，发现转基因植株中 P5CS mRNA 和脯氨酸的含量提高，且耐盐性增强，表明脯氨酸的积累有助于植物耐盐。现在有许多研究已经证实了脯氨酸在耐盐方面所起到的重要作用，如作为碳氮和能量的临时储备（Sarvesh et al.，1996；Santa-Cruz et al.，1999），清除自由基及防止蛋白质的降解和变性（Lin and Kao，1996）、调节内环境的 pH 以防止细胞酸化（Seneoka et al.，1995）。

甜菜碱是一种四价铵类水溶性无毒生物碱，它和脯氨酸一样，是目前研究较为深入的、广泛存在于高等植物、动物和细菌中的一种相容性溶质（Mccue and Hanson，1990）。许多高等植物特别是藜科和禾本科植物，在盐碱或缺水的环境下，细胞中都可积累甜菜碱类物质，以维持细胞的正常膨压。在植物受到环境胁迫时，甜菜碱在细胞内积累除作为渗透调节物质外，还是一种具有极为重要保护功能的物质，如维持生物大分子结构的完整性及其正常的生理功能（Sakamoto and Murata，2000），解除高浓度盐对酶活性的毒害进而保护呼吸酶及能量代谢过程（赵博生等，2001），影响细胞内离子的分布和吸收等。张建新等（1997）发现盐分胁迫下小麦幼苗细胞中积累大量甜菜碱，且其含量与植物抗胁迫能力成正比。赵博生等（2001）还发现甜菜碱有利于植物对光能的捕获和转换，明显促进植物生长，降低盐胁迫对植物的抑制作用。另外，张士功等（1999）发现甜菜碱能显著提高NaCl 胁迫下小麦幼苗体内 ATP 的含量，有利于保证植物正常的能量代谢和供应，从而缓解 NaCl 胁迫造成的能量代谢失衡，提高小麦幼苗的抗盐性。大量离体实验也证明，甜菜碱可改善植物多种生理活动，从而促进幼苗生长，提高光合速率，促进根系生长，提高产量，增强抗盐性（张士功等，1999）。因此，盐分胁迫下甜菜碱的积累也是对盐分胁迫的一种适应性反应。

有机酸代谢调节在植物适应各种逆境的过程中起着重要的作用。在多盐环境中，植物吸收的阳离子，如 Na^+、K^+、Ca^{2+}和 Mg^{2+}等，一部分被同时吸收来的阴离子平衡，而另一部分则被内部合成的有机阴离子平衡，这对降低阳离子的毒害作用具有重大意义（Landfald and Strom，1986）。早在 1991 年 Fougère 等就发现了盐胁迫下苜蓿根中柠檬酸含量增加的现象。近年来发现，一些天然抗碱的禾本科植物，如星星草（Shi et al.，2002）、羊草（颜宏等，2000）在碱胁迫下可积累大量有机酸。可见，有机酸代谢调节可能与植物的抗碱性机制密切相关（Shi and Sheng，2005）。但目前普遍认为，有机酸在渗透调节方面的作用不很明显，而是作为 pH 调节剂积累于细胞中，以补充在高土壤 pH 情况下根系向外分泌 H^+及其他代谢产物进行根外微环境调节的不足（石德成等，1998）。

此外，可溶性糖和可溶性蛋白对渗透调节也起着重要的作用。研究发现青山杨叶片中可溶性糖含量随盐浓度及 pH 的增大先升后降（闫永庆等，2009）。而可溶性蛋白在盐胁迫条件下合成加速，对调节叶片渗透势和提高植物的耐盐性有重要作用（毛桂莲等，2004；买合木提·卡热等，2005）。瓜多竹叶片中可溶性蛋白含量随盐浓度及胁迫时间的增加呈先升高再降低的趋势（马兰涛和陈双林，2008）。

3. 活性氧清除

植物体内活性氧大量累积会对植物造成严重伤害，但植物具有清除活性氧的机制，包括酶促和非酶促防御系统。酶促系统包括：超氧化物歧化酶（SOD）、过氧化物酶（POD）、过氧化氢酶（CAT）、抗坏血酸过氧化物酶（APX）及谷胱甘肽还原酶（GR），是植物细胞中清除活性氧的重要组分。非酶促系统包括：类黄酮、α-生育酚、谷胱甘肽（GSH）、抗坏血酸（ASA）、类胡萝卜素（CAR）和维生素 E 等，这些物质既可直接与活性氧反应，将其还原，又可作为酶的底物在活性氧的清除中起到重要作用。正常情况下，植物体内活性氧的产生与清除处于一种动态平衡状态，活性氧水平很低，不会伤害细胞。但是，在盐碱胁迫下，这一动态平衡被打破，活性氧开始大量积累，对植物造成伤害。在盐碱胁迫下，SOD、CAT、APX、POD 及 GR 等抗氧化酶的活性增强，且这些酶水平和植物耐盐性之间有相关性（Gossett et al.，1994；Hernández et al.，2000；Hernández-Nistal et al.，

2002；Mittova et al.，2003）。张丽平等（2008）发现 NaCl 和 NaHCO₃ 胁迫均导致黄瓜叶片 SOD、APX 活性显著升高，而 POD 受到明显抑制。当活性氧积累量超过抗氧化酶系统的清除能力时导致活性氧及丙二醛（MDA）积累，进而导致膜透性增大（Shalata and Neumann，2001；Bandeoğlu et al.，2004；刘爱荣等，2006）。

4. NO 的作用

NO 分子质量小，结构简单，扩散性较强，且具有水溶性和脂溶性。在植物体内，NO 存在于细胞的各个部位，能够通过细胞膜从一个细胞自由地转移到另一个细胞。近年来在植物领域对 NO 的研究表明，NO 作为植物体内重要的信号分子参与植物生长发育的诸多过程，如种子萌发、叶片伸展、根系生长、器官衰老及植物胁迫响应等（Arasimowicz and Floryszak-Wieczorek，2007）。Beligni 和 Lamattina（2001）认为 NO 是一种新型的植物激素。目前认为 NO 缓解非生物胁迫的机制是减少植物体内活性氧的积累，缓解胁迫造成的氧化损伤，从而增强植物的适应能力（Beligni and Lamattina，2000；张文利等，2002）。NO 对作物抗盐性的调节作用已在多种作物上进行过研究。NO 预处理能有效地抑制 NaCl 胁迫下小麦幼苗叶片活性氧积累，提高超氧化物歧化酶（SOD）和过氧化氢酶（CAT）活性，降低丙二醛（MDA）含量，提高叶绿素、类胡萝卜素和可溶性总糖含量（郑春芳等，2010）。芦翔等（2011）在研究外源 NO 对 NaCl 胁迫下燕麦幼苗抗氧化酶活性和生长的影响时也得到了类似的结论。此外，还发现外源的 NO 可提高番茄幼苗对光能利用效率，促进番茄的生长（吴雪霞等，2007）；缓解小麦叶片和根尖细胞的氧化损伤（陈明等，2004）；减轻盐胁迫对黄瓜幼苗的伤害（樊怀福等，2007）；降低盐胁迫对玉米生长的抑制作用（张艳艳等，2004）。唐静等（2009）认为 NO 是通过促进玉米幼苗内源 IAA 的积累来缓解盐胁迫对其生长的抑制。

5. 差异基因表达

植物的耐盐性状是多基因控制的，目前已经获得了多个耐盐相关基因。根据其编码盐胁迫蛋白的种类分为：①光合作用相关基因；②编码催化产生渗透调节物质的酶基因；③液泡区域化酶基因；④自由基清除酶基因。这些功能组合中的大多数基因是在盐胁迫下诱导产生的。探讨植物耐盐机制，分离与克隆耐盐相关基因，并通过其转化获取耐盐转基因植物，对于开发盐碱和干旱地区的土地，改造世界上 6000 万 hm² 被盐化损伤的农田有着重要意义。Kishor 等（1995）将吡咯啉-5 羧基合成酶基因（*P5CS*）导入烟草中，发现其脯氨酸含量明显提高，耐盐性得到改善。将大肠杆菌渗透调节物质甘露醇和山梨醇的合成关键酶 1-磷酸甘露醇脱氢酶基因（*mtlD*）和 6-磷酸山梨醇脱氢酶基因（*gutD*）分别转化到烟草上，结果转基因烟草中甘露醇和山梨醇的含量明显增加,同时增强了其耐盐性(Tarczynski et al.,1992;Tao et al.,1995)。*AtNHX1* 是拟南芥 Na^+/H^+ 反向运输蛋白上的基因,Apse 等(1999)发现 *AtNHX1* 过表达的植物可在 200 mmol/L NaCl 胁迫下正常生长发育。将 *AtNHX1* 基因转入番茄,结果转基因植株可在 200 mmol/L NaCl 胁迫下生长、开花和结实,且 Na^+ 积累在叶中而不是果实中(Zhang and Blumwald,2001)。Xu 等(1996)将晚期胚胎发生丰富蛋白(the late-embryogensis-abundant protein,LEA)基因 *HVA1* 导入水稻,结果表明,R_2 代转基因植株提高了对水分胁迫和高盐胁迫的耐受性。中国水稻研究所黄大年研究员主持的转基因水稻研究近来获得了重大进展,胆碱单氧化酶等 5 个耐盐相关基因被成功导入水稻中,得到了可在 0.75% NaCl 环境中生存的植株。因此将沙漠变成绿洲,用海水灌溉农田并不只是一个梦想(黎昊雁和徐亮,2002)。

(二)生态适应性

1. 结构适应性

生长在不同生境中的植物表现出结构的差异,这通常被认为是对特定生境的进化适应;但不同的植物可以采取不同方式适应相同或相似的生境。在盐胁迫条件下,盐生植物进化出了特殊的结构盐腺来适应盐胁迫,而一些耐盐植物也表示出结构的适应性。陆静梅等(1996)研究 7 种耐盐碱双子叶植物结构时,发现根中具有发达的通气结构,叶表附属物(表皮毛、角质层和蜡质纹饰)都有抗逆境结构,且若土壤环境的盐碱浓度越高、越干旱,植物叶片表皮中的气孔密度和气孔指数越大。黄志伟等(2001)研究发现,与中生环境相比,生长在高海拔湖滨盐碱地的灰绿藜为等面叶,叶片厚,角质层厚,栅栏组织发达,气室明显,具表皮毛。谷颐(2005)发现在盐生植物的过渡类型兴安胡枝子的叶柄皮层中、韧皮部和木质部间及髓细胞中都有少数含晶细胞分布。另外,盐生植物的根尖具有发达的表皮和外皮层,且内皮层明显加厚,内皮层的加厚很大程度上抑制了有害离子的进入,进一步缓解了盐害(赵可夫和李军,1999;Steudle,2000;朱宇旌等,2001)。

2. 根的代谢适应性

根际是受植物根系活动的影响,在物理、化学和生物学特征上不同于原土体的特殊土壤微环境,是土壤-植物-微生物及其环境条件相互作用的场所和特殊的微生态系统;同时也是各种养分、水分和有益及有害物质进入根际参与生物链物质循环的门户。在植物的整个生长周期内,经常遇到各种各样的胁迫条件。由于植物不能移动,当遭受胁迫时,植物缓解胁迫的主要方式之一就是根系分泌作用。根系分泌物可直接或间接影响环境,从而改善根系生长状况。根可以合成有机酸、氨基酸、植物激素、生物碱和其他一些次生代谢产物。根是苹果酸、琥珀酸、酒石酸、柠檬酸和草酸等有机酸合成和分泌的主要场所，这些有机酸的合成和分泌对植物抗逆性和土壤养分活化吸收具有重要作用。研究表明星星草在苏打盐碱胁迫后，根系分泌物中检测到柠檬酸的变化，而在中性盐胁迫下，根系分泌物中未发现柠檬酸（Guo et al., 2010）。这种有机酸的积累现象可能是植物遭受碱胁迫而形成的一种复杂的适应性机制，以应对其给植物带来的高 pH 伤害及电荷失衡。目前，对碱胁迫下根系分泌有机酸变化的研究还很少。

第二章　耐苏打盐碱胁迫甜高粱资源的筛选

第一节　芽期耐苏打盐碱胁迫甜高粱资源的筛选

一、引言

　　土壤盐渍化给农林业生产造成严重影响，是当今世界旱地农业面临的四大生态环境问题之一。盐渍化土壤目前广泛分布于全世界 100 多个国家和地区，而中国的盐渍土比例明显高于世界平均水平。仅以黑龙江省大庆市为例，大庆市地处松嫩苏打盐渍区，共有盐碱化土壤 $2.87 \times 10^5 \ hm^2$，占全市总土地面积的 59.4%（黑龙江省土地管理局和黑龙江省土壤普查办公室，1992）。这种现状主要是由于大庆市位于低洼湖区和半干旱区，导致地下水位上升或土壤底层或地下水的盐分随毛管水上升到地表，水分蒸发后，使盐分积累在表层土壤中长期沉积而成，因此造成土壤盐碱度较高，尤其是现存湖泊附近土壤盐碱度更高。另外，大庆地区盐渍化土壤主要为苏打盐碱化土壤，其特点是 pH 在 8 以上，$NaHCO_3$ 含量也很高，毒性大，抑制了该区农业生产的发展（贾立平等，2000）。因此，开发及开展耐盐碱作物的种植，以适应盐碱土质、改善生态环境及创造经济价值成为植物学研究的课题之一（王文柱和张庆成，1987）。

　　而甜高粱属 C_4 植物，生物产量高，籽粒可食用和饲用；茎秆含糖量高，可制取乙醇。此外，甜高粱抗逆性强，适应性广，具有抗旱、耐涝、耐盐碱、耐瘠薄、耐高温和耐干热风等特点（邹剑秋等，2003），可在高温、低洼和盐碱等边际性土地上进行种植。然而目前对高粱和甜高粱耐盐碱性的研究很少（迟春明等，2008；柴媛媛等，2008），且主要集中在对中性盐（如 NaCl）胁迫的响应上。为此，本研究主要分析苏打盐碱胁迫对不同甜高粱品种种子萌发的影响，并对甜高粱品种进行了综合的耐盐碱性评价，为盐碱地种植甜高粱及指导甜高粱耐盐碱育种提供数据参考（戴凌燕等，2011）。

二、材料与方法

（一）供试材料

　　黑龙江省农科院育种所惠赠的 7 份甜高粱品种，分别为雷伊、贝利、M-81E、Rio、3222、MN3739 和 ES725，选取籽粒饱满、大小均一的种子备用。

（二）试验设计

1. 种子前处理

用蒸馏水将碱性盐 $NaHCO_3$ 和 Na_2CO_3 按摩尔比 5：1 配制成盐浓度为 0 mmol/L、50 mmol/L、100 mmol/L、150 mmol/L、200 mmol/L 和 250 mmol/L 溶液，各胁迫溶液的相关指标见表 2-1。甜高粱种子经 5%的次氯酸钠消毒 10 min，蒸馏水冲洗干净后，于 25℃恒温培养箱中用各处理溶液分别浸泡 12 h。

表 2-1　各苏打盐碱胁迫溶液的盐度及 pH
Tab. 2-1　The salinity and pH value of all treatments

处理组/（mmol/L） Treatmeat	pH pH value	盐度/% salinity
0（CK）	6.72	0
50	9.42	3.1
100	9.44	6.0
150	9.48	9.2
200	9.45	13.2
250	9.39	15.6

2. 盐碱胁迫处理

将浸泡后的甜高粱种子置于放有两张滤纸的灭菌培养皿中，分别加入 5 mL 不同浓度梯度的 $NaHCO_3$ 和 Na_2CO_3 混合胁迫溶液，每处理重复 4 次，每重复 50 粒种子，置于 25℃恒温培养箱中黑暗培养。为保持处理期间各重复相对稳定的盐浓度，每天采用称重法来补充蒸发的水分，种子"破胸"即视为发芽。

（三）指标测定

（1）种子发芽势（GF）（%）＝$M_1/M \times 100$，式中，M_1 为发芽势天数内的正常发芽粒数；M 为供试种子粒数。3 天后计算甜高粱的发芽势。

（2）种子发芽率（GP）（%）＝$M_2/M \times 100$，式中，M_2 为全部正常发芽粒数；M 为供试种子粒数。种子发芽以胚根突破种皮为标准，发芽期间每天统计发芽数，共计 8 d。

（3）发芽指数（GI）：$GI=\sum (G_t/D_t)$，式中，G_t 为 t 时间种子发芽数；D_t 为相应发芽时间（阎秀峰和孙国荣，2000）。

（4）活力指数（VI）：$VI=S \times GI$，式中，GI 为发芽指数；S 为胚根鲜重。8 d 后测胚根鲜重，测 10 根胚根总重。

（5）平均根长和平均芽长：种子发芽 5 d 后，每重复随机各取 10 株进行测定，取平均值。

（6）盐害率（*SIR*）（%）= (CK 发芽势 − 处理发芽势) /CK 发芽势×100，式中，CK 为对照组。

（四）耐盐碱性综合评价

隶属函数值计算公式，$R(x_i) = (x−x_{min})/(x_{max}−x_{min})$，式中 x_i 为指标测定值，x_{min}、x_{max} 分别为所有参试材料某一指标的最小值和最大值（陈德明等，2002；柴媛媛等，2008），最后再将每一植物各个抗盐指标的隶属值累加求其平均值，平均值越大则耐盐碱性越强。通过比较 7 种甜高粱的抗盐总平均隶属值大小，最终确定其耐盐碱性的强弱。

（五）数据分析

所得数据采用 SAS 8.0 软件进行统计分析，统计数据采用平均值±方差表示。

三、结果与分析

（一）苏打盐碱胁迫液的盐度及 pH

许多试验模拟盐碱胁迫时多以 $NaHCO_3$ 和 Na_2CO_3 按摩尔比 1∶1 混合（陈德明等，2002；迟春明等，2008）。松嫩平原地区的苏打盐碱土壤以 Na^+、HCO_3^-、CO_3^{2-} 为主要成分，阴离子成分中主要为 HCO_3^-（王耿明，2008）。因此本试验采用 $NaHCO_3$ 和 Na_2CO_3 按摩尔比 5∶1 混合来模拟盐碱胁迫。从表 2-1 可看出，对照组的 pH 接近中性，为 6.72。其他各组的 pH 为 9.39~9.48，并未随着盐浓度的升高而发生太大变化，可能由于 HCO_3^- 和 CO_3^{2-} 在体系中形成了缓冲溶液，使增加了盐碱成分后 pH 发生微小变化。在盐碱胁迫的各处理组中可认为仅存在盐浓度差异而碱性基本一致，但对照组和处理组间同时存在盐浓度及 pH 的差异。各处理溶液间的盐度随着浓度的增加而增大。

（二）苏打盐碱胁迫对甜高粱种子发芽率和发芽指数的影响

由图 2-1 和图 2-2 可以看出，供试 7 个甜高粱品种种子的发芽率和发芽指数均随着苏打盐碱胁迫溶液浓度的升高而降低，但不同品种的下降趋势不同。在 50 mmol/L 时，各品种的发芽率与对照相比，受胁迫的影响较小。可见，在 pH 9.42 和盐度 3.1% 的重度盐碱胁迫下，甜高粱仍有很高的发芽率，说明甜高粱可耐苏打盐碱胁迫。但随着胁迫溶液盐度的升高，不同品种的发芽率及发芽指数受抑制的程度存在较大差异。其中，品种 ES725 在胁迫液浓度为 200 mmol/L 时的发芽率几乎降为零，而品种 Rio 和 MN3739 即使在 250 mmol/L 时还有较高的发芽率，尤以品种 Rio 最为突出。结果表明，甜高粱品种间对苏打盐碱胁迫的敏感性不同。

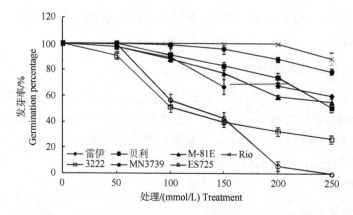

图 2-1 苏打盐碱胁迫对 7 个甜高粱品种发芽率的影响

Fig. 2-1 Effects of saline-alkali stress on germination percentage of sweet sorghum among seven varieties

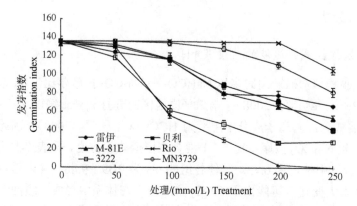

图 2-2 苏打盐碱胁迫对 7 个甜高粱品种发芽指数的影响

Fig. 2-2 Effects of saline-alkali stress on germination index of sweet sorghum among seven varieties

（三）苏打盐碱胁迫对甜高粱种子相对活力指数的影响

甜高粱在苏打盐碱胁迫第 8 天时，各品种在 150 mmol/L 以上胁迫液中表现相同，即在种子萌发后，胚根停止生长至坏死；有些品种在 100 mmol/L 胁迫下，胚根和胚芽生长缓慢，最终腐烂。各品种只有在 50 mmol/L 盐碱胁迫下，至第 8 天时虽根和胚芽生长缓慢但组织没有坏死。活力指数反映种子萌发后生长的质量，图 2-3 是 7 个甜高粱品种在 50 mmol/L 与 0 mmol/L（CK）浓度下的相对活力指数。如图 2-3 所示，各品种的相对活力指数存在显著差异，其中品种 MN3739 的相对活力指数最大，雷伊的最小（$P<0.05$），贝利、Rio 和 ES725 三品种间不存在显著差异（$P>0.05$）。

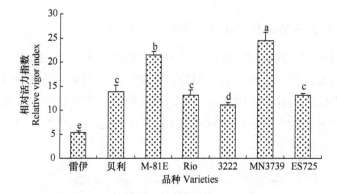

图 2-3　50 mmol/L 苏打盐碱胁迫对 7 个甜高粱品种相对活力指数的影响
Fig. 2-3　Effects of 50 mmol/L saline-alkali treatment solution on relative vigor index of sweet sorghum among seven varieties

图中标以不同小写字母表示在 0.05 水平的差异显著性
Different letters marked in the figure mean significance at 0.05 level

（四）苏打盐碱胁迫对甜高粱种子根长及芽长的影响

各甜高粱品种在苏打盐碱胁迫后的第 5 天，测定根长及芽长。由表 2-2 可以看出，在 50 mmol/L 的苏打盐碱溶液处理下，7 个甜高粱品种根长及芽长之间的差异显著。苏打盐碱胁迫下，根长和芽长均受到抑制，但各品种反应的敏感程度不尽相同。从相对芽长和相对根长可以看出，根盐碱胁迫的敏感程度要远大于芽。贾娜尔·阿汗等（2010）研究盐碱胁迫对小冰麦种子萌发和早期幼苗生长的影响也得出同样结论。其中，M-81E 相对根长最长，MN3739 相对芽长最大，而雷伊相对根长和相对芽长均最小，表明前两者具有较强的耐盐碱性，后者的耐性较弱。

表 2-2　50 mmol/L 苏打盐碱胁迫对 7 个甜高粱品种根长和芽长的影响
Tab. 2-2　Effects of 50 mmol/L saline-alkali treatment solution on root length and bud length of sweet sorghum among seven varieties

品种 Varieties	根长/cm Root length	相对根长/% Relative root length	芽长/cm Bud length	相对芽长/% Relative bud length
雷伊	0.44±0.01 E	3.97±0.21 E	1.55±0.15 C	17.81±1.25 C
贝利	0.94±0.06 B	7.44±0.30 B	1.64±0.08 C	25.36±0.68 B
M-81E	1.19±0.16 A	11.07±0.86 A	1.64±0.07 C	25.93±0.77 B
Rio	0.68±0.06 C	5.47±0.36 D	2.08±0.16 B	25.90±1.05 B
3222	0.50±0.07 D	5.80±0.42 D	2.19±0.26 B	20.60±1.75 C
MN3739	0.77±0.08 C	6.68±0.41 C	2.87±0.15 A	33.03±0.47 A
ES725	0.44±0.05 E	5.66±0.29 D	1.87±0.18 B	18.96±1.11 C

注：表中标以不同大写字母表示在 0.01 水平的差异显著性
Note：Different capital letters marked in the table mean significance at 0.01 level

（五）苏打盐碱胁迫对甜高粱种子盐害率的影响

盐害率反映了处理组在盐碱胁迫下发芽受抑制的程度。如图 2-4 所示，50 mmol/L 的苏打盐碱溶液处理 3 d 后，种子的盐害率较低，说明受到的伤害较小；但随着盐碱浓度的增加各品种盐害率逐渐增大，且品种间存在显著差异；在 250 mmol/L 浓度时，品种 Rio 盐害率最低，MN3739 盐害率约为 20%左右，而在同一胁迫下 ES725 盐害率却达到 100%。

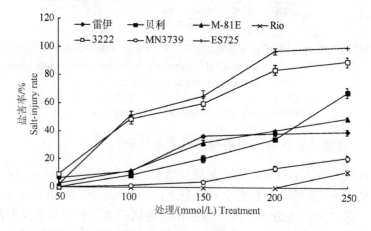

图 2-4　苏打盐碱胁迫对 7 个甜高粱品种盐害率的影响

Fig. 2-4　Effects of saline-alkali stress on salt-injury rate of sweet sorghum among seven varieties

（六）甜高粱品种耐盐性综合评价

苏打盐碱胁迫对植物造成伤害是多方面的，植物耐盐碱性的表现也是多种代谢的综合体现。因此，使用单一指标难以全面准确地反映各品种耐盐碱性的强弱，必须运用多个指标进行综合评价（柴媛媛等，2008；石永红等，2010）。目前，用隶属函数法对植物抗逆性进行综合评价的研究较多（何雪银等，2008；柴媛媛等，2008；张朝阳和许桂芳，2009）。

用隶属函数法对 7 个甜高粱品种在 50 mmol/L 盐碱胁迫下，种子萌发期的发芽率、发芽指数、活力指数、相对胚根鲜重、相对根长、相对芽长、发芽势和盐害率进行分析，来分析其耐盐碱性（表 2-3）。结果表明，甜高粱对苏打盐碱胁迫的敏感性在不同品种间差异显著。根据 7 个品种的总平均隶属值来看，其耐盐碱性由强到弱的综合排序为：MN3739>M-81E>贝利>Rio>ES725>3222>雷伊。从总平均隶属值大小分析，可大致把 7 个甜高粱品种划分为：高耐盐碱性品种（MN3739 和 M-81E）、中耐盐碱性品种（贝利和 Rio）和耐性较弱品种（ES725、3222 和雷伊）。

表 2-3　7 个甜高粱品种耐苏打盐碱性综合评价

Tab. 2-3　The comprehensive tolerant evaluation of the seven varieties of sweet sorghum to saline-alkali stress

品种 Varieties	发芽率 GP	发芽指数 GI	相对活力指数 RVI	相对胚根鲜重 RRV	相对根长 RRL	相对芽长 RBL	发芽势 GF	盐害率 SIR	平均隶属值 AV	排序 Rank
雷伊	0.71	0.33	0.00	0.00	0.00	0.00	0.00	0.71	0.22	7
贝利	1.00	0.79	0.45	0.42	0.49	0.50	0.51	0.00	0.52	3
M-81E	0.71	0.68	0.85	0.72	1.00	0.53	0.78	0.29	0.69	2
Rio	1.00	1.00	0.41	0.33	0.21	0.53	0.43	0.00	0.49	4
3222	0.00	0.00	0.39	0.36	0.26	0.18	0.31	1.00	0.31	6
MN3739	1.00	1.00	1.00	1.00	0.38	0.00	1.00	0.00	0.80	1
ES725	0.92	0.63	0.41	0.39	0.24	0.08	0.28	0.21	0.39	5

四、讨论

苏打盐碱胁迫主要由 $NaHCO_3$ 和 Na_2CO_3 等碱性盐所引起，与一般的盐胁迫相比，其除具大量的盐离子胁迫外，还有高 pH。pH 恒稳态是植物正常生长和发育的必要条件，也是植物细胞生命过程中的重要信号，在许多信号转导中起重要的调控作用。pH 精确调控植物细胞的正常生长发育，细胞的代谢活动、DNA 复制、细胞分裂等均随 pH 变化而被激活或抑制（周文彬和邱报胜，2004）。高 pH 可影响植物细胞体内多种代谢活动，如影响细胞的伸长生长、ATP 的合成速度、气孔开闭、酸性水解酶活性及生物膜上转运蛋白的活性等，从而影响植物的物质能量平衡，对植物造成伤害（赵彦坤等，2008）。高盐胁迫会使细胞膜结构破坏、吸水能力降低，影响蛋白质合成和产生有毒物质等（张立军和梁宗锁，2007）。高 pH 和高盐双重胁迫使植物受到的伤害更加严重。有研究表明，$NaHCO_3$ 和 Na_2CO_3 等碱性盐的碱胁迫对植物的破坏作用明显大于由 NaCl、Na_2SO_4 等中性盐所造成的盐胁迫（盛彦敏等，1999；贾娜尔·阿汗，2010）。柴媛媛等（2008）研究 NaCl 对甜高粱种子萌发期影响的试验中，当盐浓度达到 300 mmol/L 时，甜高粱种子发芽率虽降低但仍部分萌发，且其活力指数不为零。而本试验中，当苏打盐碱胁迫浓度在 100 mmol/L 以上时，甜高粱虽萌发，但其活力指数均为零。可见，甜高粱种子萌发后，苏打盐碱所形成的高盐高碱环境对胚根胚芽等新器官的形成造成很大的危害，而这种致死性的危害是在高盐度下体现出来。而在 50 mmol/L 浓度的高碱低盐胁迫时，甜高粱新生组织的细胞可能通过合成一些有机酸或其他的代谢产物来平衡细胞内部的 pH，从而使其存活，其具体机制还有待于进一步研究。

甜高粱是耐盐碱植物，试验中所有品种在 50 mmol/L 浓度胁迫时，其发芽率几乎与对照持平，且品种 Rio 在 200 mmol/L 浓度时仍能全部发芽。但不同品种在萌发后新器官的生长发育过程中对苏打盐碱的敏感性存在较大差异，见表 2-2。种子萌发期是植物生长发育的重要起始阶段，也是产量形成的重要决定因子。通过对甜高粱种子萌发期多个指标进行隶属函数分析得出各品种对苏打盐碱胁迫的耐受性强弱，可以为大庆市及其他盐碱地区甜高粱种植提供选种依据。

第二节　苗期耐苏打盐碱胁迫甜高粱资源的筛选

一、引言

在前面的芽期试验中已经证明，甜高粱不同品种的发芽及根芽生长对苏打盐碱胁迫的耐受性存在较大差异。但甜高粱各品种芽期和苗期的耐受性是否一致，目前还未见相关报道。研究表明，盐碱胁迫可影响植物地上部及根的生长发育（时丽冉，2007），并引起细胞膜透性改变和膜脂过氧化等破坏性反应（Shalata and Tal，1998；Lin and Kao，2000）。已有研究发现甜高粱对逆境胁迫的耐受性在不同品种间存在差异（Lacerda et al.，2003；吕金印和郭涛，2010；丛靖宇等，2010）。但目前苏打盐碱胁迫对甜高粱幼苗生长的影响及不同品种幼苗对该胁迫的耐受性的研究鲜有报道。为此，本书先对 18 个甜高粱品种进行了高盐碱胁迫筛选，然后选出耐性强、中和弱的品种各 2 个，测定苏打盐碱胁迫对甜高粱幼苗生长、总叶绿素含量及细胞膜透性等相关指标的影响，旨在通过生长指标及生理指标筛选出盐碱耐性强及弱的品种，为后续试验提供材料，为盐碱土壤甜高粱种植种质的筛选和栽培提供参考（戴凌燕等，2012a）。

二、材料与方法

（一）供试材料

品种为黑龙江省农科院育种所和河北省农林科学院谷子研究所惠赠的 18 份甜高粱资源，分别为 314B、08-2336、08-2287、08-2337、09-2320、09-3081、意大利、科特尔、西蒙、能饲一号、Bj339、雷伊、贝利、M-81E、Rio、3222、MN3739 和 ES725。

（二）试验设计

1. 甜高粱品种苗期耐受性初步评判

甜高粱种子经消毒后，于 25℃恒温培养箱中进行催芽。将发芽一致的种子种于装有相同质量蛭石的花盆中，每盆播种 25 粒，4 个重复。幼苗在室外自然光条件下生长，保护其不接收雨水，每 2 d 使用自来水配制的 Hoagland 营养液透灌。幼苗长至 3 叶 1 心时，用 Hoagland 营养液将碱性盐 $NaHCO_3$ 和 Na_2CO_3 按 5：1 配制成的 200 mmol/L 的（pH 9.42，盐度 12.8%）透灌，每 3 d 黄昏透灌一次，每天采用称重法补充蒸发的水分，使处理期间各盐浓度保持相对稳定。以生长点干枯失绿确定为植株死亡，记录胁迫后第 4～8 天中每天各品种的存活株数，用 SPSS16.0 对 18 个品种进行简单的聚类分析。

2. 苏打盐碱胁迫对甜高粱幼苗的影响

根据前面聚类分析的结果，耐性强、中和弱的品种各选出 2 种进行试验。挑取饱满甜高粱种子经 5%的次氯酸钠消毒 10 min，蒸馏水冲洗干净后，水中浸泡 12 h，置放在滤纸上发芽，发芽后播于盛有洁净石英砂的花盆中。待幼苗长至 1 叶 1 心时，转至温室水培法培养。挑选生长一致的幼苗移入高 17 cm，直径 19 cm 的塑料桶中培养，每桶 30 株苗，培养桶外包裹双层黑遮光布以避光。用 Hoagland 营养液培养，每 3 d 更换一次，昼夜培养温度为（25±1）℃，光周期为 14 h 光/10 h 暗，光照强度为 60 μmol/(m²·s)，每天通气 6 h，各品种设 3 次重复。

以蒸馏水配制的 Hoagland 营养液为溶剂，将碱性盐 $NaHCO_3$ 和 Na_2CO_3 按摩尔比 5：1 配制成盐浓度为 100 mmol/L 溶液作为盐碱胁迫液（pH 9.23，盐度 5.88%）。待甜高粱幼苗长至 3 叶 1 心时，对照组（CK）仍用 Hoagland 营养液（pH 6.69，盐度 0.38%）培养，而处理组用胁迫液培养。3 d 后取样测定其各项指标。

（三）指标测定

1. 生长指标的测定

盐碱胁迫 3 d 后，各组随机选取 10 株幼苗，将幼苗地上部分和地下部分剪开，用直尺测量不同甜高粱品种的株高和根长。烘干后称量植株总质量、苗重和根重，计算根冠比。

2. 生理指标的测定

盐碱胁迫 3 d 后，随机取各品种胁迫处理和对照各 20 株幼苗或根进行生理指标测定（张立军和樊金娟，2007）。根系活力测定采用氯化三苯基四氮唑（TTC）还原法；叶绿素含量测定采用 80%丙酮浸提法，在 645 nm、652 nm 和 470 nm 波长下测定吸光值；可溶性糖含量测定采用蒽酮比色法；可溶性蛋白测定采用考马斯亮蓝法；细胞膜相对透性测定采用电导率法，细胞膜相对透性（%）=外渗液电导率/煮沸电导率×100；丙二醛（MDA）含量测定采用硫代巴比妥酸比色法，在 532 nm、600 nm 和 450 nm 波长处测定吸光度值；各指标的变化幅度为同一品种处理与对照间的差值与对照的比值。

（四）耐盐碱性综合评价

采用隶属函数法进行多指标综合评价甜高粱品种对盐碱胁迫的耐受性。隶属函数值计算方法同第二章第一节。通过比较 6 种甜高粱的总平均隶属值大小，最终确定其耐盐碱性的强弱。

（五）数据统计分析

所得数据均用 SPSS 16.0 和 EXCEL 2007 软件进行统计分析，采用单因素方差分析（ANOVA）和新复极差法（Duncan）比较不同品种间的差异显著性，$P<0.05$ 时有统计学意义，数值为平均值±标准差。

三、结果与分析

（一）甜高粱各品种的耐受性

用 200 mmol/L 的苏打盐碱胁迫液处理幼苗，3 d 后即从第 4 天开始记录存活植株数，持续到第 8 天，以生长点干枯失绿确定为植株死亡。18 个甜高粱品种在 4～8 d 的存活情况见表 2-4。从表 2-4 可见，大多数品种在第 4 天时，就出现了部分植株死亡，08-2337 死亡株数最多。到第 7 天时，ES725、314B、08-2287 和 09-3081 四个品种全部植株死亡。第 8 天时，3222、09-2320、能饲一号和 M-81E 四个品种还有较多植株存活。用 SPSS 软件以各品种 4～8 d 的存活株数为变量进行系统聚类，结果如图 2-5 所示。图 2-5 显示 18 个品种可分为三大类群，结合表 2-4 可知，图 2-5 中 A 类群为耐性较弱的品种，B 类群为耐性较强的品种，而 C 类群的耐性居中。对比甜高粱苗期与芽期的耐性可见，两者无相关性。以聚类情况，结合每天的存活株数和品种的芽期表现，最后选出耐性较强品种 M-81E 和能饲一号、耐性较弱品种西蒙和 314B 及耐性中等品种 Rio 和科特尔。

表 2-4　盐碱胁迫后甜高粱各品种的存活株数
Tab. 2-4　The survival of sweet sorghum among varieties under saline-alkali stress

编号 Number	品种 Varieties	存活株数 Survival				
		第 4 天	第 5 天	第 6 天	第 7 天	第 8 天
1	ES725	100	88	68	0	0
2	MN3739	100	93	74	43	9
3	3222	100	93	89	78	35
4	314B	91	66	14	0	0
5	Rio	93	84	70	27	0
6	08-2336	95	88	22	7	0
7	08-2287	94	78	25	0	0
8	08-2337	86	81	53	9	5
9	09-2320	100	87	87	55	26
10	09-3081	95	80	23	0	0
11	贝利	100	94	85	34	0
12	雷伊	100	100	87	34	5
13	意大利	91	74	23	8	5
14	科特尔	95	84	67	29	0
15	西蒙	89	68	17	2	0
16	能饲一号	98	96	87	77	28
17	Bj339	96	88	69	35	10
18	M-81E	100	100	92	81	34

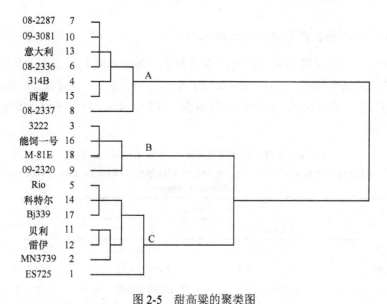

图 2-5 甜高粱的聚类图

Fig. 2-5 The dendrogram of sweet sorghum

（二）盐碱胁迫对不同品种甜高粱幼苗生长指标的影响

1. 对不同品种甜高粱幼苗植株总重的影响

盐碱胁迫对甜高粱幼苗植株总重的影响见表 2-5，正常情况下，各品种的植株总重差异显著（$P<0.05$），M-81E 最大，西蒙最小，314B 和 Rio 差异不显著（$P>0.05$）。胁迫使 6 个品种甜高粱幼苗的植株总重均下降，且降幅较大，在 33.0%～60.4%，其中品种 Rio 下降最多，314B 下降最少，且 314B 与能饲一号和 M-81E 差异不显著（$P>0.05$）。

表 2-5 盐碱胁迫对不同品种甜高粱幼苗植株总重的影响

Tab. 2-5 Effects of saline-alkali stress on the total weight of sweet sorghum seedlings among different varieties

品种 Varieties	植株总重/g Total weight		降低幅度/% Decline rate
	CK Control	盐碱胁迫 Stress	
314B	0.188±0.014 c	0.125±0.006 b	33.039±6.326 c
西蒙	0.127±0.005 e	0.072±0.010 d	43.122±5.682 b
Rio	0.198±0.012 c	0.078±0.005 d	60.392±0.276 a
科特尔	0.222±0.011 b	0.118±0.014 b	46.747±6.654 b
能饲一号	0.149±0.008 d	0.099±0.005 c	33.061±6.913 c
M-81E	0.248±0.003 a	0.144±0.009 a	41.865±3.862 bc

注：表中标以不同小写字母表示在 0.05 水平的差异显著性

Note: Different letters marked in the table mean significance at 0.05 level

2. 对不同品种甜高粱幼苗根长的影响

盐碱胁迫对甜高粱幼苗根长的影响见表 2-6,胁迫均降低了 6 个品种甜高粱幼苗的根长,降低幅度在 5.4%~38.6%。能饲一号降低最多,且与西蒙、Rio、科特尔差异不显著($P>0.05$)。M-81E 降低最少,仅为 5.4%,且与其他 5 个品种差异显著($P<0.05$)。

表 2-6　盐碱胁迫对不同品种甜高粱幼苗根长的影响

Tab. 2-6　Effects of saline-alkali stress on the root length of sweet sorghum seedlings among different varieties

品种 Varieties	根长/cm Root length		降低幅度/% Decline rate
	CK Control	盐碱胁迫 Stress	
314B	21.047±0.384 ab	16.697±0.701 a	20.624±4.436 b
西蒙	10.343±1.975 d	7.240±0.642 c	29.010±7.992 a
Rio	17.783±0.374 c	12.900±2.289 b	27.588±11.803 a
科特尔	21.297±3.192 a	13.617±0.688 b	34.852±12.176 a
能饲一号	10.157±1.434 d	6.113±1.011 c	38.644±15.471 a
M-81E	18.200±0.355 bc	17.223±0.535 a	5.361±2.590 c

注：表中标以不同小写字母表示在 0.05 水平的差异显著性

Note: Different letters marked in the table mean significance at 0.05 level

3. 对不同品种甜高粱幼苗株高的影响

盐碱胁迫对甜高粱幼苗株高的影响见表 2-7,胁迫使 6 个品种甜高粱幼苗的株高都降低了。降低幅度在 11.0%~39.3%。314B 降低最多,且与 Rio 和能饲一号差异不显著($P>0.05$)。科特尔降低最少,与西蒙差异不显著($P>0.05$)。

表 2-7　盐碱胁迫对不同品种甜高粱幼苗株高的影响

Tab. 2-7　Effects of saline-alkali stress on the plant height of sweet sorghum seedlings among different varieties

品种 Varieties	株高/cm Plant height		降低幅度/% Decline rate
	CK Control	盐碱胁迫 Stress	
314B	17.507±0.946 a	10.627±0.824 bc	39.343±1.870 a
西蒙	14.350±0.118 b	12.300±1.768 b	14.346±5.029 bc
Rio	14.683±0.841 b	10.233±1.104 c	30.44±3.511 a
科特尔	17.373±0.170 a	15.470±1.132 b	10.981±5.944 c
能饲一号	15.120±0.742 b	10.253±0.403 c	32.141±2.242 a
M-81E	12.177±0.909 c	9.993±1.079 c	18.065±2.776 b

注：表中标以不同小写字母表示在 0.05 水平的差异显著性

Note: Different letters marked in the table mean significance at 0.05 level

4. 对不同品种甜高粱幼苗根冠比的影响

盐碱胁迫对甜高粱幼苗根冠比的影响见表 2-8，盐碱胁迫下 314B 和科特尔品种根冠比下降，降幅较小；但胁迫却使品种西蒙、Rio、能饲一号和 M-81E 的根冠比增加，能饲一号和 M-81E 分别增加了 46.1%和 75.5%。

表 2-8　盐碱胁迫对不同品种甜高粱幼苗根冠比的影响
Tab. 2-8　Effects of saline-alkali stress on the root-shoot ratio of sweet sorghum seedlings among different varieties

品种 Varieties	根冠比 Root-shoot ratio		降低幅度/% Decline rate
	CK Control	盐碱胁迫 Stress	
314B	0.545±0.026 c	0.461±0.001 d	15.271±3.865 a
西蒙	0.671±0.055 b	0.686±0.098 bc	−2.690±0.679 b
Rio	0.382±0.017 d	0.497±0.109 d	−30.262±6.165 c
科特尔	0.808±0.637 a	0.789±0.065 b	2.843±0.567 b
能饲一号	0.447±0.110 cd	0.648±0.026 c	−46.080±6.852 d
M-81E	0.772±0.052 ab	1.353±0.484 a	−75.470±6.085 e

注：表中标以不同小写字母表示在 0.05 水平的差异显著性
Note: Different letters marked in the table mean significance at 0.05 level

（三）盐碱胁迫对不同品种甜高粱幼苗生理指标的影响

1. 对不同品种甜高粱幼苗根系活力的影响

盐碱胁迫对甜高粱幼苗根系活力的影响见表 2-9，不同品种在没有盐碱胁迫的条件下，根系活力差异明显，品种 314B 和 Rio 的根系活力较大，品种科特尔的根系活力最低。在盐碱胁迫下，各品种的根系活力均下降，品种科特尔降幅最大，但与 314B、Rio 和能饲一号差异不显著，西蒙降幅最小，且与 Rio 和 M-81E 差异不显著（$P>0.05$）。

表 2-9　盐碱胁迫对不同品种甜高粱幼苗根系活力的影响
Tab. 2-9　Effects of saline-alkali stress on root vigor of sweet sorghum seedlings among different varieties

品种 Varieties	根系活力/[μg/(g·h)] Root vigor		降低幅度/% Decline rate
	CK Control	盐碱胁迫 Stress	
314B	17.203±1.607 a	11.105±1.860 ab	35.265+10.737 a
西蒙	12.277±1.090 b	10.758±1.481 ab	12.622±4.326 b
Rio	16.985±2.253 ab	12.080±2.280 a	29.016±7.312 ab
科特尔	7.440±1.355 c	4.420±1.128 c	40.950±6.533 a
能饲一号	13.900±1.982 b	9.021±1.643 b	35.109±6.418 a
M-81E	12.785±1.960 b	9.364±0.712 ab	22.295±5.405 b

注：表中标以不同小写字母表示在 0.05 水平的差异显著性
Note: Different letters marked in the table mean significance at 0.05 level

2. 对不同品种甜高粱幼苗总叶绿素含量的影响

盐碱胁迫对甜高粱幼苗总叶绿素含量的影响见表 2-10，不同品种总叶绿素含量在没有盐碱胁迫的条件下差异显著，6 个品种各不相同。当盐碱胁迫后，各品种的总叶绿素含量均下降，品种 314B 和能饲一号降幅较大，西蒙和 Rio 降幅较小，科特尔和 M-81E 居中。

表 2-10　盐碱胁迫对不同品种甜高粱幼苗总叶绿素含量的影响

Tab. 2-10　Effects of saline-alkali stress on total chlorophyll content of sweet sorghum seedlings among different varieties

品种 Varieties	总叶绿素含量（a+b）/（mg/g FW） Total chlorophyll content		下降幅度/% Decline rate
	CK Control	盐碱胁迫 Stress	
314B	1.168±0.027 e	0.714±0.006 e	38.870±1.855 a
西蒙	1.315±0.011 b	1.132±0.027 a	13.912±2.480 c
Rio	1.124±0.125 f	0.962±0.018 c	14.342±2.587 c
科特尔	1.255±0.019 d	0.871±0.007 d	30.543±0.853 b
能饲一号	1.607±0.011 a	1.004±0.012 b	37.524±0.381 a
M-81E	1.284±0.003 c	0.855±0.015 d	33.405±1.233 b

注：表中标以不同小写字母表示在 0.05 水平的差异显著性

Note: Different letters marked in the table mean significance at 0.05 level

3. 对不同品种甜高粱幼苗叶片细胞膜相对透性的影响

盐碱胁迫对甜高粱幼苗叶片细胞膜相对透性的影响见表 2-11，正常情况下，各品种植株叶片质膜相对透性均较低，314B、西蒙和 Rio 三个品种相对较高。但盐碱胁迫增加了 6 个甜高粱品种幼苗叶片的细胞膜相对透性，细胞膜相对透性增加了 2.4～4.5 倍。314B、科特尔和能饲一号增加幅度最大，说明细胞膜受损伤最严重；M-81E 细胞膜受到伤害最小，且与其他 5 个品种差异显著（$P<0.05$）。

表 2-11　盐碱胁迫对不同品种甜高粱幼苗叶片细胞膜相对透性的影响

Tab. 2-11　Effects of saline-alkali stress on relative permeability of plasma membranes of sweet sorghum seedlings among different varieties

品种 Varieties	叶片细胞膜相对透性/% Relative permeability of plasma membranes		增加幅度/% Increase rate
	CK Control	盐碱胁迫 Stress	
314B	11.255±0.278 a	58.431±1.094 a	419.302±12.514 ab
西蒙	11.339±0.310 a	53.000±3.621 b	367.633±32.579 bc
Rio	11.209±0.362 a	48.408±2.636 c	332.589±35.713 c
科特尔	10.101±0.203 b	53.800±2.199 b	432.523±12.700 ab
能饲一号	10.287±1.017 b	56.234±1.951 ab	451.412±73.394 a
M-81E	9.890±0.367 b	33.473±0.460 d	238.868±17.038 d

注：表中标以不同小写字母表示在 0.05 水平的差异显著性

Note: Different letters marked in the table mean significance at 0.05 level

4. 对不同品种甜高粱幼苗叶片丙二醛含量的影响

盐碱胁迫对甜高粱幼苗叶片丙二醛含量的影响见表 2-12，与细胞膜相对透性一样，在正常情况下，植株体内含有较少量的 MDA，但胁迫使 6 个品种 MDA 含量增加，增幅在 87.2%～195.9%，314B 和西蒙增加较多，两者间无显著差异（$P>0.05$），能饲一号和 M-81E 增加较少。

表 2-12　盐碱胁迫对不同品种甜高粱幼苗叶片丙二醛含量的影响

Tab. 2-12　Effects of saline-alkali stress on MDA content of sweet sorghum seedlings among different varieties

品种 Varieties	丙二醛含量/（nmol/g FW） MDA content		增加幅度/% Increase rate
	CK Control	盐碱胁迫 Stress	
314B	17.316±0.124 c	49.836±0.425 d	187.800±2.294 a
西蒙	23.792±0.644 b	70.408±2.211 a	195.924±3.558 a
Rio	24.378±0.692 b	63.351±0.734 b	160.037±9.139 b
科特尔	25.862±0.398 a	60.149±1.047 c	132.646±7.335 c
能饲一号	24.152±1.451 b	47.012±1.431 e	95.000±10.438 d
M-81E	18.477±0.402 c	34.553±1.349 f	87.152±11.002 d

注：表中标以不同小写字母表示在 0.05 水平的差异显著性

Note: Different letters marked in the table mean significance at 0.05 level

（四）不同品种甜高粱幼苗耐盐碱胁迫能力分析

以根冠比、根系活力、总叶绿素含量、丙二醛含量和细胞膜相对透性等 5 个指标的变化幅度为依据，用隶属函数法分析 6 个甜高粱品种对盐碱胁迫的耐受程度，变化幅度越小，说明在盐碱胁迫下受影响较小，即耐性较强，结果见表 2-13。甜高粱对盐碱胁迫的耐受性在不同品种间差异明显。根据 6 个品种的总平均隶属值来看，其耐盐碱性由强到弱的综合排序为：M-81E>Rio>西蒙>能饲一号>科特尔>314B。从总平均隶属值大小分析，可将 6 个甜高粱品种划分为：高耐盐碱性品种

表 2-13　6 个甜高粱品种耐盐碱能力综合评价

Tab. 2-13　The comprehensive tolerant evaluation of the six varieties of sweet sorghum to saline-alkali stress

品种 Varieties	根冠比 R/S	根系活力 RV	总叶绿素 Chl	丙二醛 MDA	细胞膜相对 透性 RP	平均 Mean	排名 Rank
314B	1.00	0.80	1.00	0.93	0.85	0.92	6
西蒙	0.80	0.00	0.00	1.00	0.61	0.48	3
Rio	0.50	0.58	0.02	0.67	0.44	0.44	2
科特尔	0.86	1.00	0.67	0.42	0.91	0.77	5
能饲一号	0.32	0.79	0.95	0.07	1.00	0.63	4
M-81E	0.00	0.34	0.78	0.00	0.00	0.22	1

为 M-81E，中耐盐碱性品种为 Rio 和西蒙，耐性较弱品种为科特尔和能饲一号，耐性最差品种为 314B。

四、讨论

（一）苏打盐碱胁迫对甜高粱幼苗生长的影响

苏打盐碱胁迫使植物生长的环境盐分和 pH 升高，使植物正常吸水受阻，同时由于胁迫所致的离子毒害使植物营养缺乏。因此，盐碱胁迫会抑制植物幼苗的生长。根合成激素等有机物质供地上部生长发育需要，根与地上部的相关性强弱和根部活动的好坏直接影响到整个植株的生长发育。本研究中盐碱胁迫降低了 6 个甜高粱品种植株总重、株高、根长和根系活力，即抑制了地上部和根的生长，王宝山等（2000）在研究中性盐（NaCl）对高粱不同器官离子含量的影响时也得出相同结论。在碱性复合盐胁迫下，向日葵的叶面积、根系活力和植株相对生长量都降低了（盛彦敏等，1999）。盐碱胁迫使叶绿素合成受阻，分解加强，导致叶片叶绿素含量下降（Rao GG and Rao GR，1986），甚至叶片失绿变黄。本研究中，盐碱胁迫使 6 个甜高粱品种的叶绿素含量均降低，导致植株光合作用降低，植物生长受到抑制，因此与甜高粱植株各生长指标的降低相一致。

（二）苏打盐碱胁迫对甜高粱幼苗细胞膜的影响

盐碱胁迫中高浓度的 Na^+ 可置换细胞膜上结合的 Ca^{2+}，使膜结构和功能发生改变，导致细胞内的无机离子及有机溶质外渗。细胞膜透性变化在植物抗逆研究中已经成为一个公认的指标，通常认为耐性强的品种在盐胁迫下细胞膜透性变化较小，而敏感品种变化较大（袁琳等，2005）。盐胁迫还增大生物膜的膜脂过氧化作用，而丙二醛作为膜脂过氧化产物可使膜中酶蛋白发生交联并失活，进一步损伤细胞膜的结构和功能（胡晓辉等，2009；吕金印和郭涛，2010）。本研究中盐碱胁迫增加了 6 个甜高粱品种幼苗叶片的细胞膜相对透性和 MDA 含量，不同品种受损害程度存在差异。

（三）苏打盐碱胁迫下不同品种甜高粱幼苗的耐受性

本研究使用两种方法评估不同品种甜高粱幼苗对苏打盐碱胁迫的耐受性：一种是使用高浓度盐碱胁迫液 200 mmol/L（pH 9.42，盐度 12.8%）处理蛭石培养的幼苗，持续时间长，以存活株数为依据进行聚类分析；另一种是用低浓度盐碱胁迫液 100 mmol/L（pH 9.23，盐度 5.88%）处理水培幼苗，胁迫 3 d 后，根据生长指标和生理指标进行隶属函数分析耐受性。从结果中可看出两者存在一定的差异，前种方法得出结论，耐性较强品种 M-81E 和能饲一号、耐性较弱品种西蒙和 314B

及耐性中等品种 Rio 和科特尔。而在后种方法中得出结论，高耐盐碱性品种为 M-81E，中耐盐碱性品种为 Rio 和西蒙，耐性较弱品种为科特尔和能饲一号，耐性最弱品种为 314B。对比两种结果，M-81E 无论在高盐还是低盐中都体现出较强的耐受性，314B 在高盐中快速死亡，在低盐中根冠比下降最大、叶绿素含量下降最多、且细胞膜受到损伤较大，表现出较弱的耐受性。而能饲一号和西蒙两个品种在两种情况下结果出现较大差异，一方面可能是苗培方法和胁迫时间不同所致，另一方面可能是两品种在高盐和低盐胁迫时的耐受性不同。

第三章　甜高粱苗期对苏打盐碱胁迫生理生化适应性

第一节　苏打盐碱胁迫下甜高粱幼苗的渗透调节及抗氧化研究

一、引言

盐碱胁迫因其富含盐离子，可降低土壤水溶液的水势，从而可对植物造成渗透胁迫。植物为克服吸水困难，会在体内积累无机离子和小分子可溶性的有机代谢产物作为渗透调节物质。这些物质可以降低细胞的渗透势、维持细胞膜及细胞超微结构的稳定、保护蛋白质等生物大分子和清除活性氧。有机渗透调节物质主要包括脯氨酸、甜菜碱、可溶性糖、其他游离脯氨酸及各种酶类等。此外，盐碱胁迫下，植物在呼吸和光合作用过程中，线粒体、叶绿体和过氧化物酶体均可积累过量的活性氧（ROS），这些 ROS 若不能及时清除就会损伤蛋白质和核酸，也能引起 DNA 结构的定位损伤，同时破坏生物膜的选择性，导致膜透性增大和膜脂过氧化的发生，破坏植物的正常新陈代谢。而植物体内具有清除 ROS 的系统，可使 ROS 处于较低水平，减轻植物受到的伤害。本试验研究在苏打盐碱胁迫下，甜高粱幼苗体内脯氨酸、可溶性糖、可溶性蛋白及甜菜碱等渗透调节物质的变化，同时探讨清除 ROS 的超氧化物歧化酶（SOD）、过氧化物酶（POD）、过氧化氢酶（CAT）和谷胱甘肽过氧化物酶（GSH-Px）等的变化，以期阐明甜高粱幼苗对苏打盐碱胁迫在渗透调节及活性氧清除方面的适应性，为盐碱地甜高粱栽培管理提供理论依据。

二、材料与方法

（一）供试材料

选取苗期筛选出耐性强的品种 M-81E 和耐性弱的品种 314B 为试验材料。

（二）试验设计

挑取两个甜高粱品种的饱满种子经 5%的次氯酸钠消毒 10 min，蒸馏水冲洗干净后，水中浸泡 12 h，置放在滤纸上发芽，发芽后播于盛有洁净石英砂的花盆中。待幼苗长至 1 叶 1 心时，转至温室采用水培法培养。挑选生长一致的幼苗移入高 17 cm，直径 19 cm 的塑料桶中培养，每桶 30 株苗，培养桶外包裹双层黑遮光布以避光。用 Hoagland 营养液培养，每 3 d 更换一次，昼夜培养温度为（25±1）℃，光周期为 14 h 光/10 h 暗，光照强度为 60 μmol/(m^2·s)，每天通气 6 h，各品种设 3 次重复。

以蒸馏水配制的 Hoagland 营养液为溶剂，将碱性盐 $NaHCO_3$ 和 Na_2CO_3 按摩尔比 5∶1 配制成盐浓度为 100 mmol/L 溶液作为盐碱胁迫液（pH 9.23，盐度 5.88%）。待甜高粱幼苗长至 3 叶 1 心时，对照组（CK）仍用 Hoagland 营养液（pH 6.69，盐度 0.38%）培养，而处理组用胁迫液培养。3 d 后取样测定其各项指标。

（三）指标测定

1. 酶液提取

盐碱胁迫 3 d 后，各组随机选取 10 株幼苗，将幼苗地上部全部剪下，快速剪成小段，从混合样品中称取 0.5 g 左右的材料，加入 5 mL 磷酸提取液，冰浴研磨后 4℃，4000×g 离心 20 min。上清液转入 25 mL 容量瓶，沉淀用磷酸缓冲液再提取两次，最后将提取液定容至 25 mL，4℃放置备用，各处理做 3 个重复。

2. 抗氧化酶测定

过氧化物酶（POD）活性测定采用愈创木酚氧化法，以 OD$_{470}$ 每分钟变化 0.01 为 1 个酶活性单位（U）；超氧化物歧化酶（SOD）、过氧化氢酶（CAT）和谷胱甘肽过氧化物酶（GSH-Px）测定采用南京建成生物工程研究所生产的试剂盒（杨瑾等，2011），测定过程参照各自的说明书进行。SOD 活性为每克地上部组织在 1 mL 反应液中 SOD 抑制率达 50%时所对应的 SOD 量为一个酶活性单位（U）；CAT 活性为每克地上部组织在 1 mL 反应液中每秒分解 1 μmol H_2O_2 的量为一个酶活性单位（U）；GSH-Px 活性为每克地上部组织每分钟扣除非酶反应的作用，使反应体系中 GSH-Px 浓度降低 1 μmol/L 为一个酶活性单位（U）。各指标的变化幅度为同一品种处理与对照间的差值与对照的比值。

3. 渗透调节物质的测定

测定植物地上部组织的相关指标。可溶性糖含量测定采用蒽酮比色法；可溶性蛋白采用考马斯亮蓝法，以牛血清白蛋白为标准；脯氨酸含量测定采用酸性茚三酮比色法；将地上部 80℃恒温烘干至恒重，测定干粉中甜菜碱含量，测定采用雷氏盐比色法，方法参照王淑慧（2006）。

4. NO 的测定

参照李杰等（2008）的 NO 测定方法。各处理随机选取 10 株幼苗，将地上部与根部分开，放在液氮中速冻研磨后，从混合样中称取各部分约 1 g（重复 3 次），加入 40 mmol/L HEPE（pH 7.2）缓冲液 8 mL，混匀后 2 层纱布过滤，4℃，4000×g 离心 10 min，取上清进行反应。NO 测定使用长春汇力生物技术有限公司生产的试剂盒。原理为：用还原剂将标本中 NO_3^- 还原为 NO_2^-，用 Griess 试剂测定 NO_2^- 的量从而反映材料中的 NO 水平。

（四）数据统计分析

所得数据使用 SPSS 16.0 和 EXCEL 2007 软件进行统计分析，采用单因素方差分析（ANOVA）和新复极差法（Duncan）比较同一品种对照和处理间的差异显著性，$P<0.05$ 时有统计学意义，数值为平均值±标准差。

三、结果与分析

（一）苏打盐碱胁迫对甜高粱幼苗渗透调节物质的影响

苏打盐碱胁迫使甜高粱 2 个品种的渗透调节物质都发生了改变，如图 3-1 所示。胁迫使甜高粱幼苗的可溶性糖、可溶性蛋白、脯氨酸和甜菜碱等 4 个渗透调节物质含量都增加了。2 个品种的可溶性蛋白含量胁迫后差异较大，314B 胁迫后

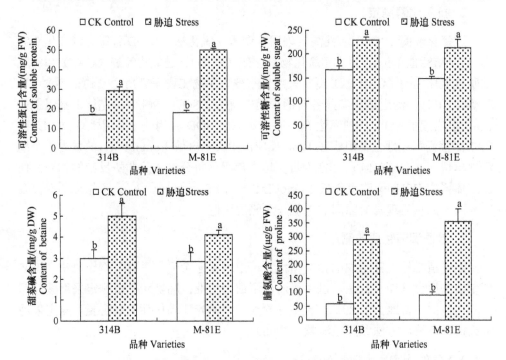

图 3-1　苏打盐碱胁迫对甜高粱幼苗渗透调节物质的影响

Fig. 3-1　Effects of saline-alkali stress on osmotic regulation substances of sweet sorghum seedlings

图中标以不同小写字母表示在 0.05 水平的差异显著性

Different letters marked in the figure mean significance at 0.05 level

增加了 74.4%，而 M-81E 则增加了 177.8%。314B 的可溶性糖在正常及胁迫条件下均比 M-81E 的含量高，但从增加幅度来看，M-81E 增加的幅度大，为 44.0%，而 314B 为 36.5%。与 314B 相比，M-81E 无论在正常还是胁迫生长条件下，植株体内都含有更多的脯氨酸；但胁迫后，314B 脯氨酸含量增加了 4.1 倍，M-81E 则增加了 3.0 倍。314B 和 M-81E 在正常条件下，植株体内的甜菜碱含量基本相同，但胁迫后，314B 增加了 68.5%，而 M-81E 则增加了 43.6%。

（二）苏打盐碱胁迫对甜高粱幼苗抗氧化酶系统的影响

盐碱胁迫使甜高粱幼苗体内保护性酶 POD、CAT 和 GSH-Px 活性都增加，而 SOD 活性的变化在 2 个品种间存在很大差别，如图 3-2 所示。胁迫 3 d 后，314B 的 SOD 活性降低了 31.9%，而 M-81E 的 SOD 活性不但没有降低，反而升高了 9.3%。对于 POD、CAT 和 GSH-Px 三种酶来说，无论对照还是胁迫处理后的植株，M-81E 的活性均比 314B 高。

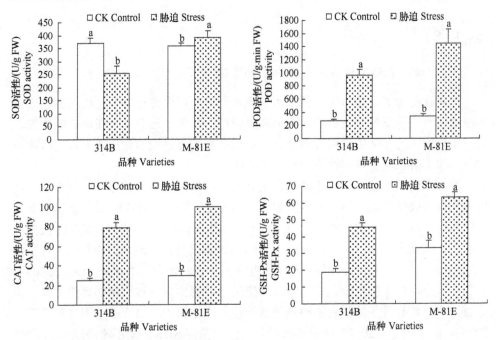

图 3-2　苏打盐碱胁迫对甜高粱幼苗抗氧化酶系统的影响

Fig. 3-2　Effects of saline-alkali stress on antioxidase of sweet sorghum seedlings

图中标以不同小写字母表示在 0.05 水平的差异显著性

Different letters marked in the figure mean significance at 0.05 level

（三）苏打盐碱胁迫对甜高粱幼苗内源 NO 含量的影响

苏打盐碱胁迫对甜高粱幼苗内源 NO 含量的影响如图 3-3 所示。幼苗地上部的 NO 含量在胁迫后升高，而根部则下降。2 个品种未受到胁迫时，地上部及根

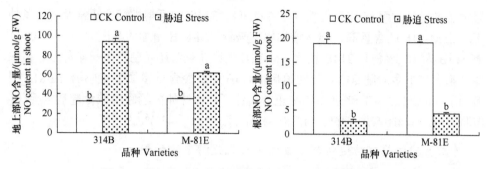

图 3-3　苏打盐碱胁迫对甜高粱幼苗内源 NO 含量的影响

Fig. 3-3　Effects of saline-alkali stress on endogenous NO content of sweet sorghum seedlings

图中标以不同小写字母表示在 0.05 水平的差异显著性

Different letters marked in the figure mean significance at 0.05 level

部内源 NO 的含量基本持平，但胁迫后 314B 地上部 NO 增加较多，而 M-81E 根部 NO 则降低较少。

四、讨论

（一）甜高粱幼苗对苏打盐碱胁迫的渗透调节

在盐碱胁迫下，植株因大量失水或吸水困难而产生渗透胁迫，所以植物细胞的渗透调节作用是植物适应胁迫、提高抗逆性的基础。已有关于甜高粱的研究表明，甜高粱作为非盐生植物针对 NaCl 胁迫产生的渗透调节物质主要以有机物质为主，如可溶性糖、可溶性蛋白和脯氨酸等。

植物在逆境胁迫下体内正常蛋白质合成受到抑制，同时诱导出一些新的逆境相关蛋白合成或使原有蛋白质含量明显增加（杜长霞等，2007）。目前已发现多种与植物耐盐性有关的蛋白质，如 H^+-ATP 酶（Zhang et al.，1999）、Na^+/H^+ 反向运输蛋白、水通道蛋白（Yamada et al.，1995）、渗调蛋白、晚期胚胎发生丰富蛋白（Xu et al.，1996）及信号转导过程中一些重要的蛋白激酶（Tamura et al.，2003）。生长在盐渍环境中的植物，植物根系细胞膜上的受体蛋白首先感知胁迫信号，再通过与信号转导有关的蛋白激酶直接或间接调控相应的胁迫应答基因（单雷等，2006）。阳燕娟等（2011）研究西瓜叶片可溶性蛋白 SDS-PAGE 图谱显示 31 种差异条带中有 20 种蛋白质与盐胁迫相关，且均受不同程度嫁接的诱导。嫁接苗可能通过这些蛋白质的表达来调节体内各种代谢，影响营养物质的吸收和利用、细胞的分裂与生长，维持盐渍环境下植物体的离子与渗透平衡，以维持生长发育。植物体内的可溶性蛋白大多是参与各种代谢的酶类，其含量是衡量植物体内总体代谢水平的一个重要指标（刘惠芬等，2004）。可溶性蛋白含量的提高可帮助维持植物细胞较低的渗透势，抵抗水分胁迫导致的伤害，抗旱性强的植物种类或品种的可溶性蛋白含量较高（罗群等，2006）。周婵等（2009）对 2 种生态型羊草进行盐碱胁迫处理，结果表明胁迫后可溶性蛋白含量较对照升高。本研究中也得出相同结论，在苏打盐碱胁迫后，甜高粱幼苗的可溶性蛋白含量也有较大幅度的提高。这可能是甜高粱适应盐碱胁迫的一种方式，但具体是哪些蛋白质特异表达还是含量增加将有待进一步研究。

逆境胁迫下，植物体内会大量积累可溶性糖，它是很多植物的主要渗透调节物质。可溶性糖既是合成其他有机溶质的碳架和能量来源，又对细胞膜和原生质胶体起稳定作用（刘华等，1997），还对酶类起到保护作用。一些研究表明，在逆境胁迫下，植物积累的可溶性糖越多，其抗逆性就越强（Singh et al.，1985；Munns and Termaat，1986）。方志红和董宽虎（2010）研究表明，碱蒿茎叶中可溶性糖随NaCl 浓度增大而逐渐增加，并认为可溶性糖含量可作为碱蒿的耐盐生理指标。本研究中，苏打盐碱胁迫后，2 个甜高粱品种的可溶性糖含量也增加，这与前人的研究结果相吻合，但耐性较弱的品种 314B 却比耐性强的品种 M-81E 积累了更多的可溶性糖，Lacerda 等（2005）也认为盐敏感的高粱品种可溶性糖和脯氨酸增加的趋势更加显著。

脯氨酸可维持细胞适当的渗透势，防止细胞脱水，同时还可以稳定和保护生物大分子的结构及功能。因此，脯氨酸积累被认为是植物适应盐渍环境的显著特征之一（田晓艳等，2008）。本研究中，苏打盐碱胁迫使 2 个品种甜高粱幼苗的脯氨酸含量增加，显示出脯氨酸对逆境胁迫的适应性机制。董秋丽等（2010）在研究碱性盐胁迫对芨芨草苗期脯氨酸的影响时，也得出在 Na_2CO_3 和 $NaHCO_3$ 胁迫下，芨芨草叶片与根系的脯氨酸含量显著高于对照（$P<0.05$）的结论。但从脯氨酸在逆境条件下的积累途径来看，一些研究证实脯氨酸除具有适应性的意义，也可能是细胞结构和功能受损伤的表现，是一种伤害的体现（Soussi et al.，1998；Qian et al.，2001；张俊莲等，2006；谷艳芳等，2009）。

甜菜碱积累也是植物对逆境的一种适应性。藜科和禾本科植物在盐胁迫下甜菜碱积累明显，并通过渗透调节适应盐碱造成的渗透胁迫，以保持细胞内外的渗透平衡。Demiral 和 Türkan（2004）报道甜菜碱可通过渗透调节和稳定 PSⅡ放氧复合体、细胞膜、蛋白质的四级结构、酶类等途径保护逆境下的高等植物。施用甜菜碱可以减轻盐胁迫对植物的伤害。Guy 等（1984）比较了盐角草在不同盐度下甜菜碱含量的变化，发现较低盐度下，甜菜碱含量随盐浓度的增加而迅速上升；当盐度继续升高时，其增加的速度减缓直至最后稳定在某一水平。Grieve 和 Maas（1984）研究盐胁迫对高粱甜菜碱积累规律时，发现在干旱和中度盐胁迫（–0.2 MPa）下，高粱幼苗甜菜碱都没有明显增加；但当培养液中渗透势下降至–0.8 MPa 时，高粱地上部的甜菜碱含量快速增加，且叶片中积累量多于叶鞘；高粱在盐胁迫下甜菜碱可增加 6～7 倍，而小麦品种则只增加 3～4 倍。本研究中，当甜高粱幼苗在 100 mmol/L 苏打盐碱胁迫 3 d 后，供试的 2 个品种甜菜碱含量均升高，但仅升高 68.5%和 43.6%。与前人研究结果比较，本研究甜菜碱含量虽增加但量少，可能由于试验的胁迫处理液种类及浓度、供试品种及胁迫时间等不同引起的。

（二）苏打盐碱胁迫下甜高粱幼苗体内活性氧的清除

植物在盐碱胁迫下，由于缺水及光能利用和同化受抑制，体内会积累过多的活性氧，包括超氧阴离子、过氧化氢、羟自由基和单氧等。植物体内有清除这些ROS 自由基的保护酶系统，包括 SOD、POD、CAT 和 GSH-Px 等，胁迫会诱发体内保护酶系统加速清除 ROS 的进程（吕金印和郭涛，2010；Zhang and Kirkham，1994）。SOD 是保护植物免受自由基伤害的第一道屏障,其可催化 O_2^- 转化为 H_2O_2；而 CAT 可催化 H_2O_2 分解成 O_2 和 H_2O；POD 可催化 H_2O_2 氧化酚类和胺类化合物,具有消除 H_2O_2 和酚类、胺类毒性的双重作用；GSH-Px 多数以谷胱甘肽（GSH）作为底物催化分解生物体内产生的 H_2O_2，是动物清除 ROS 的主要酶，近年来发现其在植物抵御外界胁迫中也起了很重要的作用（苗雨晨等，2005）。本研究中苏打盐碱胁迫使甜高粱 2 个品种幼苗体内 POD、CAT 及 GSH-Px 等保护酶的活性都增加，SOD 活性在 M-81E 中略有增加，但在 314B 中降低较多。植物表现出抗氧化酶活性增加说明该系统具有解毒功能，但活性降低说明抗氧化酶也是逆境胁迫对植物毒害效应的作用位点。314B 幼苗地上部 SOD 活性降低可能是受到盐碱胁迫的伤害所致。314B 幼苗 POD、CAT 及 GSH-Px 等酶活性都增加，而 SOD 活性降低，可能是甜高粱幼苗的 SOD 较其他 3 种抗性酶对苏打盐碱胁迫更加敏感。

（三）苏打盐碱胁迫下甜高粱幼苗内源 NO 的作用

NO 是一种性质活泼的信号分子，可调节植物种子萌发、叶片伸展、根系生长、器官衰老等生长发育的诸多过程，同时还参与了植物体对低温、高温、机械损伤、干旱、盐分等非生物胁迫的信号转导。研究表明，NO 可与 H_2O_2 信号相互作用（Neill et al.，2003；Desikan et al.，2004）、NO 可与超氧阴离子自由基结合而清除活性氧（Zeier et al.，2004）、外源 NO 可以减少胁迫条件下活性氧的积累，从而缓解干旱（王淼等，2005）和低温（吴锦程等，2009）对植株造成的伤害。此外，还发现外源 NO 可提高番茄幼苗对光能的利用效率，促进番茄的生长（吴雪霞等，2007）；缓解小麦叶片和根尖细胞的氧化损伤（陈明等，2004）；减轻盐胁迫对黄瓜幼苗的伤害（樊怀福等，2007）。

尽管外源 NO 对植物有着良好的效应，但植物 NO 主要依赖于内源产生。认识植物适应环境胁迫的机制需要了解胁迫下内源 NO 的变化规律，其规律反映了植物对环境胁迫的响应特征。利用 Griess 试剂使用分光光度计虽然测定的是 NO_2^-，但也可间接反映出 NO 的含量水平。本研究采用分光光度计法分析了甜高粱幼苗地上部和根部的 NO 含量，结果显示地上部在苏打盐碱胁迫后 NO 含量升高，但根部 NO 含量下降。314B 地上部 NO 含量增加较多，而 M-81E 根部 NO 含量下降程度小一些。地上部 NO 含量增加体现出甜高粱幼苗对盐碱胁迫的一种积极应对策略，可能 NO 作为一种中间信号分子参与了盐碱胁迫刺激产生的一系列信号转导过程。由于根部是最直接受到盐碱胁迫伤害的部位，可能高盐和高 pH 抑制了根部 NO 合成相关酶（如一氧化氮合酶）的活性。

（四）两个品种对苏打盐碱胁迫渗透调节及抗氧化适应性的比较

在抵抗苏打盐碱胁迫的渗透调节过程中，314B 形成了更多的可溶性糖和甜菜碱，且脯氨酸增加的幅度较 M-81E 的程度大，但 M-81E 则积累更多的可溶性蛋白，这与前人关于高粱的结论相似。Lacerda 等（2005）也认为盐敏感的高粱品种可溶性糖和脯氨酸增加的趋势更加显著。王颖等（1999）认为，在耐盐性上游离脯氨酸含量可能没有某些胁迫蛋白质的贡献大。品种 314B 在盐碱胁迫下，合成更多的渗透调节物质去缓解伤害，但由于消耗太多的物质和能量使植物营养缺乏，长期将导致植物而死亡。前面进行品种筛选时，314B 在短期内就大量死亡，这可能就是过度合成渗透调节物质，使正常物质能量代谢紊乱导致的。而 M-81E 虽也增加渗透调节物质，但不如 314B 那样过度强烈。M-81E 可能合成较多的酶去调控各种生理代谢，使植物受到盐碱胁迫的伤害变小，其机制还有待进一步验证。

在活性氧清除方面，M-81E 的 SOD 活性在苏打盐碱胁迫 3 d 后仍然较对照水平高，而 314B 该酶的活性却下降较多。王建华等（1980）认为，植物体内活性氧清除酶中，清除超氧阴离子自由基的 SOD 处于核心地位，SOD 活性通常与植物抗氧化处理的能力呈正相关。而 POD、CAT 和 GSH-Px 三种酶的活性，无论是对照还是胁迫处理后的植株，M-81E 的活性均比 314B 高。因此，在苏打盐碱胁迫下，M-81E 比 314B 具有更高的活性氧清除能力。

在 NO 代谢方面，314B 地上部胁迫后产生更多的内源 NO，这可能与其产生渗透调节物质一样，表现过于强烈。而 M-81E 根部 NO 合成也受到抑制，但相比314B 受到的影响小一些，体现出 M-81E 品种根部所受到盐碱胁迫的伤害相对小一些。前面的研究也得出 M-81E 根部在胁迫后，根长及根系活力降低均较 314B小，而且 M-81E 的根冠比胁迫后增加，314B 的根冠比是降低的。

因此，从渗透调节方面比较，314B 消耗过多的物质和能量去抵御苏打盐碱胁迫所造成的伤害，长期将导致植物营养缺乏而死亡，而 M-81E 相对消耗的能量少一些，因而具有较持久的抵抗能力。M-81E 的抗性酶系统活性均比 314B 高，体现出更强的活性氧清除能力。从 NO 含量水平来看，M-81E 根部受到盐碱胁迫的伤害小一些。综上可见，M-81E 具有更强的耐苏打盐碱胁迫的能力。

第二节 苏打盐碱胁迫下甜高粱幼苗 Na^+ 吸收及分配

一、引言

苏打盐碱胁迫除带来高 pH 危害外，还与中性盐一样，可对植物造成高 Na^+

胁迫。植物具有泌盐、稀盐和拒盐的避盐性，同时还具有通过改变一些生理途径而产生的耐盐性。不同植物抵抗盐碱胁迫时可能利用其中的一种或几种方式。杨洪兵等（2001）研究表明不同耐盐性小麦的拒 Na^+ 部位不同，盐敏感品种的拒 Na^+ 部位主要在根茎结合部，而耐盐品种的拒 Na^+ 部位主要在根部。马德源等（2011）研究荞麦的拒 Na^+ 部位时发现，盐敏感品种的主要拒 Na^+ 部位在根部，耐盐品种的主要拒 Na^+ 部位在根部和茎基部，耐盐品种整体拒 Na^+ 能力明显大于盐敏感品种。这些结果说明禾本科植物虽然吸收了盐分，但可将盐分集中在根部和茎基部，不向上运输或运输较少，从而降低整体或地上部的盐浓度，避免植物遭受盐害。甜高粱是一种非盐生的禾本科作物，目前的研究未发现其具有盐腺，且也不是可通过快速生长稀盐的肉质化植物，因此可能也具有一定的拒 Na^+ 能力。王宝山和邹琦（2000）利用分根试验证明高粱根仅在低盐处理时才有将 Na^+ 向土壤分泌的能力，认为高粱的耐盐性主要是把 Na^+ 区域化到液泡中。而 Na^+ 从胞质泵向液泡主要通过液泡膜上的 Na^+/H^+ 反向运输蛋白来完成（Garbarino and DuPont，1988；Ballesteros et al.，1997；Apse et al.，1999）。它是依靠液泡膜上的腺苷三磷酸酶（ATPase）和焦磷酸酶（PPase）建立的跨膜质子浓度梯度来驱动的。因此，液泡内离子区域化与液泡膜上 ATPase、PPase 和 Na^+/H^+ 反向运输蛋白三者是密切相关的。本试验通过测定苏打盐碱胁迫后，甜高粱幼苗整株、根、叶及叶鞘内 Na^+、K^+ 及 Ca^{2+} 含量来分析甜高粱 Na^+ 的分配，以及 Na^+ 对 K^+ 和 Ca^{2+} 吸收的影响；通过测定根液泡膜上 H^+-ATPase、H^+-PPase 和 Na^+/H^+ 反向运输蛋白等酶的活性，分析根部是否将 Na^+ 区域化到液泡内。这将有助于深入了解甜高粱幼苗对苏打盐碱胁迫的适应机制，为甜高粱育种及栽培提供理论基础（Dai et al.，2014）。

二、材料与方法

（一）供试材料

选取苗期筛选出耐性强的品种 M-81E 和耐性弱的品种 314B 为试验材料。

（二）试验设计

挑取饱满甜高粱种子经 0.1% $HgCl_2$ 消毒 5 min，蒸馏水冲洗干净后，水中浸泡 12 h，置放在滤纸上发芽，发芽后播于高 22 cm、直径 20.5 cm 的塑料花盆中，每个花盆内装有洁净石英砂 7.5 kg。每盆固定 30 株苗，每个处理 6 盆。幼苗在室外自然光条件下生长，保护其不接收雨水，每 2 d 使用自来水配制的 Hoagland 营养液透灌。

以自来水配制的 Hoagland 营养液为溶剂，将碱性盐 $NaHCO_3$ 和 Na_2CO_3 按摩尔比 5：1 配制成盐浓度为 50 mmol/L（pH 9.32，盐度 2.95%）、100 mmol/L（pH 9.33，盐度 5.92%）碱溶液作为盐碱胁迫液。待甜高粱幼苗长至 3 叶 1 心时，对照组（CK）

仍用 Hoagland 营养液（pH 6.80，盐度 0.40%）培养，而处理组用胁迫液培养，2 d 后再透灌一次，胁迫处理时避免将胁迫液淋到叶片上，3 d 后取样测定其各项指标。

（三）指标测定

1. Na$^+$、K$^+$和 Ca^{2+}含量测定

盐碱胁迫 3 d 后，各处理取整株、根、叶片和叶鞘，置烘箱中 105℃杀酶 10 min，然后在 85℃下烘干至恒重。各离子测定方法参考王宝山和赵可夫（1995）及马德源等（2009）的方法。从研磨粉碎后的混合样品中取约 0.1 g 粉末放入灼烧至恒重的坩埚中，550℃高温炉中灰化 20 h，冷却至室温，用 1 mL 浓硝酸溶解灰分，去离子水定容至 50 mL，原子吸收分光光度计测定 Na$^+$、K$^+$和 Ca^{2+}的含量，每个处理做 3 个重复。

2. 叶表面 Na$^+$含量测定

取胁迫 3 d 后的叶片 0.5 g 迅速称重后在 50 mL 去离子水中冲洗掉盐分，去离子水中 Na$^+$含量直接用原子吸收分光光度计测定，每个处理做 3 个重复。

3. 根液泡膜微囊的制备

参照 Ballesteros 等（1996）及王宝山和邹琦（2000）的方法略加修改。各品种取对照或处理的幼根 15 g，用液氮速冻和研磨成微粉后，加入 30 mL 预冷的匀浆缓冲液，其成分为 50 mmol/L Hepes-Tris（pH 7.6）、250 mmol/L 甘露醇、0.1%（w/V）牛血清白蛋白、10%（V/V）甘油、5 mmol/L EGTA、2 mmol/L MgSO$_4$、2 mmol/L 二硫苏糖醇、5 mmol/L K$_2$S$_2$O$_5$、1 mmol/L PMSF 和 1%（w/V）PVPP。匀浆液经 4 层纱布过滤后 12 000×g 离心 20 min，上清液再以 80 000×g 离心 30 min，然后沉淀用尖头细毛笔小心搅起并悬浮在稀释液中，其成分为 50 mmol/L Hepes-Tris（pH 7.8）、250 mmol/L 甘露醇、10%（V/V）甘油、1 mmol/L EGTA、1 mmol/L MgSO$_4$、2 mmol/L 二硫苏糖醇和 0.1 mmol/L PMSF。混匀后小心把悬浮的膜微囊铺在 24%（w/w）的蔗糖溶液上，蔗糖溶液用含有 5 mmol/L Hepes-Tris（pH 7.3）、1 mmol/L EGTA、1 mmol/L MgSO$_4$、1 mmol/L 二硫苏糖醇和 0.1 mmol/L PMSF 的溶液配制，80 000×g 离心 2 h，收集 0%～24%蔗糖界面的液泡膜并用稀释液稀释 3～4 倍。再 80 000×g 离心 45 min，沉淀重悬在储存液中，其成分为 10 mmol/L Hepes-Tris（pH 6.5）、40%（V/V）甘油、2 mmol/L MgSO$_4$ 和 1 mmol/L 二硫苏糖醇。所制备的液泡膜微囊分装后，先用液氮速冻后于−70℃冷冻保存，以上所有操作均在 0～4℃条件下进行。

4. 液泡膜 ATPase 和 PPase 水解活性测定

液泡膜腺苷三磷酸酶（ATPase）和焦磷酸酶（PPase）水解活性分别用它们水

解 ATP 和 PPi 释放的 Pi 量来表示（Ohnishi et al.，1975）。ATPase 和 PPase 水解活性测定参照 Fischer-Schliebs 等（1997）和 Li 等（2002）方法并稍作改动。反应体系为 0.5 mL，以加入含 5～10 μg 膜蛋白的液泡膜微囊启动反应，在 37℃温育 30 min 后，加入 50 μL TCA 终止反应，然后加入 10% 的 V_C 200 μL，反应显色 20 min 后，750 nm 下比色。每个处理重复 3 次。ATPase 测定的反应体系包括：30 mmol/L Hepes-Tris（pH7.5），0.1 mmol/L（NH_4）$_4MoO_4$，1 mmol/L NaN_3，1 mmol/L $MgSO_4$，0.03%（V/V）Trition X-100，50 mmol/L KCl，3 mmol/L $ATPNa_2$。液泡膜 ATPase 活性被硝酸盐抑制，ATPase 水解活性即为反应体系中有或无 50 mmol/L KNO_3 时的活性之差。而液泡膜上 PPase 水解活性测定基本与 ATPase 水解活性测定相同，只是用 3 mmol/L Na_4PP_i 替代了 H^+-ATPase 反应体系中的 $ATPNa_2$。因为液泡膜 PPase 活性对 KCl 敏感，PPase 水解活性即为反应体系中有或无 50 mmol/L KCl 时的活性之差。由于每摩尔 PPi 水解释放 2 mol Pi，故水解活性应除以 2。蛋白质含量测定参照 Bradford（1976）方法。

5. 液泡膜 H^+-ATPase 和 H^+-PPase 质子泵活性测定

参照 Ballesteros 等（1997）和 Parks 等（2002）方法，质子泵活性用单位时间、单位膜蛋白的荧光淬灭值来表示。依赖 ATP 的 H^+-ATPase 测定体系包括：30 mmol/L Hepes-Tris（pH 7.5），3 mmol/L $ATPNa_2$，3 mmol/L $MgSO_4$，250 mmol/L 山梨醇，50 mmol/L 氯化胆碱，5 μmol/L 吖啶橙和 50 μg 蛋白质的液泡膜微囊。依赖 PPi 的 H^+-PPase 测定体系包括：30 mmol/L Hepes-Tris（pH 8.0），1 mmol/L Na_4PP_i，1 mmol/L $MgSO_4$，250 mmol/L 山梨醇，50 mmol/L KCl，5 μmol/L 吖啶橙和 50 μg 蛋白质的液泡膜微囊。体系中分别加入 $ATPNa_2$（ATPase）或 Na_4PP_i（PPase）启动反应。用 Hitachi F-4500 荧光分光光度计记录最大荧光值（F）和荧光淬灭值（ΔF）。激发光波长 495 nm，发射光波长 540 nm，狭缝为 2.5 nm。质子泵活性=$\Delta F/F$ mg^{-1} protein·min^{-1}。每个处理重复 3 次。

6. 液泡膜 Na^+/H^+ 反向运输蛋白活性测定

Na^+/H^+ 反向运输蛋白活性测定参照 Apse 等（1999）方法，前面的操作同质子泵活性测定，当质子梯度趋于平衡时，加入至终浓度为 3 mmol/L EGTA 以螯合 Mg^{2+} 来终止 H^+-ATPase 的 H^+ 转运活性，然后加入至终浓度为 50 mmol/L 葡萄糖酸钠，15 s 后记录荧光恢复值（$\Delta F'$）。Na^+/H^+ 反向运输蛋白活性=$\Delta F'/\Delta F$ mg^{-1} protein·min^{-1}。每个处理重复 3 次。

（四）数据统计分析

所得数据均用 SPSS 16.0 和 EXCEL 2007 软件进行统计分析，采用单因素方差分析（ANOVA）和新复极差法（Duncan）比较同一品种不同处理间的差异显著性，$P<0.05$ 时有统计学意义，数值为平均值±标准差。

三、结果与分析

（一）苏打盐碱胁迫下甜高粱幼苗叶片泌 Na$^+$ 能力

为探讨甜高粱叶片在苏打盐碱胁迫下是否可通过表面大量泌盐来减弱高盐离子带来的伤害，叶片清洗后的溶液中 Na$^+$ 含量测定如图 3-4 所示。从图 3-4 可见，甜高粱叶片泌 Na$^+$ 量随着苏打盐碱胁迫液浓度的升高而不断增加，且各处理组间差异显著（$P<0.05$）。在盐碱胁迫后，品种 314B 叶片的泌 Na$^+$ 量较 M-81E 略高。可见，甜高粱在胁迫后是可以通过叶片排出一定量的 Na$^+$，但数量非常少。

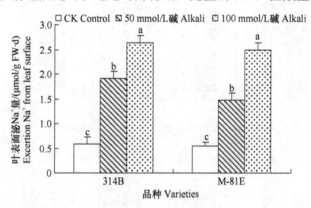

图 3-4　苏打盐碱胁迫下甜高粱幼苗叶片的泌 Na$^+$ 能力

Fig. 3-4　Effects of saline-alkali stress on Na$^+$ excretion capability in leaves of sweet sorghum seedlings

图中标以不同小写字母表示在 0.05 水平的差异显著性

Different letters marked in the figure mean significance at 0.05 level

（二）苏打盐碱胁迫对甜高粱幼苗各部分 Na$^+$、K$^+$ 和 Ca^{2+} 含量的影响

1. 甜高粱幼苗 Na$^+$ 含量的变化

苏打盐碱胁迫下，甜高粱幼苗各部分 Na$^+$ 含量如图 3-5 所示。胁迫后，甜高粱幼苗整株 Na$^+$ 含量随盐碱胁迫液浓度升高而显著增加（$P<0.05$），M-81E 在 50 mmol/L 碱液胁迫下整株 Na$^+$ 含量明显高于 314B；在 100 mmol/L 碱液胁迫时，2 个品种整株 Na$^+$ 含量相似。叶片中 Na$^+$ 含量也随盐碱胁迫液浓度升高而显著增加（$P<0.05$），但 2 个品种在 50 mmol/L 和 100 mmol/L 碱液中 Na$^+$ 含量差异不显著（$P>0.05$）；在高和低 2 个浓度的胁迫液下，M-81E 叶片中 Na$^+$ 含量均比 314B 低很多。M-81E 叶鞘中 Na$^+$ 含量在胁迫后显著增加；而 314B 在 50 mmol/L 胁迫液下，叶鞘中 Na$^+$ 含量与对照基本持平，在 100 mmol/L 碱液胁迫时，叶鞘中 Na$^+$ 含量才显著增加（$P<0.05$）；在盐碱胁迫后，M-81E 叶鞘中 Na$^+$ 含量明显高于 314B。根

中 Na⁺含量的变化与叶鞘基本相同，314B 在 50 mmol/L 碱液胁迫时，根中 Na⁺含量稍有增加，但与对照相比差异不显著（$P>0.05$），而在 100 mmol/L 碱液胁迫时，根中 Na⁺含量才显著增加（$P<0.05$）；M-81E 在盐碱胁迫后，根中 Na⁺含量显著增加（$P<0.05$），只是在 50 mmol/L 和 100 mmol/L 碱液中 Na⁺含量差异不显著（$P>0.05$）；但 M-81E 在胁迫后，根中 Na⁺含量要高于 314B。314B 受到胁迫后叶片中 Na⁺含量超过了根中 Na⁺含量，而 M-81E 胁迫后叶片中 Na⁺含量要低于根中 Na⁺含量。

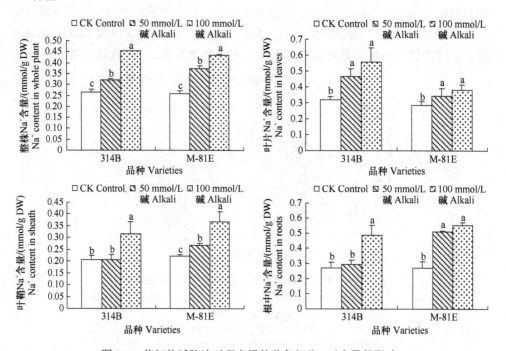

图 3-5　苏打盐碱胁迫对甜高粱幼苗各部分 Na⁺含量的影响

Fig. 3-5　Effects of saline-alkali stress on the Na⁺ contents in whole plant, leaves, sheath and roots of sweet sorghum seedlings

图中标以不同小写字母表示在 0.05 水平的差异显著性

Different letters marked in the figure mean significance at 0.05 level

2. 甜高粱幼苗 K⁺含量的变化

苏打盐碱胁迫下，甜高粱幼苗各部分 K⁺含量如图 3-6 所示。胁迫后，甜高粱幼苗整株 K⁺含量随盐碱胁迫液浓度升高而逐渐降低，M-81E 在高浓度时 K⁺含量下降也较少。314B 叶片中 K⁺含量也随盐碱胁迫液浓度升高而显著降低（$P<0.05$），M-81E 反而在 50 mmol/L 碱液胁迫时，叶片中 K⁺含量下降较多。2 个品种叶鞘中 K⁺含量变化与叶片中的表现相同。314B 和 M-81E 根中 K⁺含量也随盐碱胁迫液浓度升高而显著降低（$P<0.05$）。无论是整株水平还是各器官中，M-81E 的 K⁺含量均高于 314B。

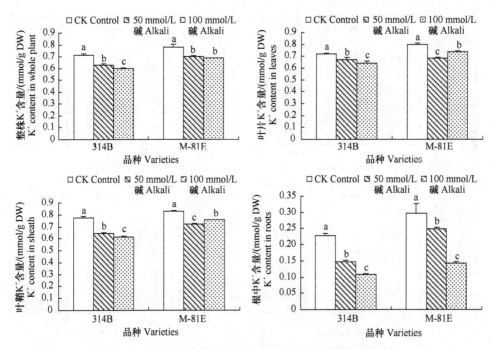

图 3-6　苏打盐碱胁迫对甜高粱幼苗各部分 K^+ 含量的影响

Fig. 3-6　Effects of saline-alkali stress on the K^+ contents in whole plant，leaves，sheath and roots of sweet sorghum seedlings

图中标以不同小写字母表示在 0.05 水平的差异显著性

Different letters marked in the figure mean significance at 0.05 level

3. 甜高粱幼苗 Ca^{2+} 含量的变化

苏打盐碱胁迫下，甜高粱幼苗各部分 Ca^{2+} 含量如图 3-7 所示。胁迫后，2 个甜高粱品种幼苗整株 Ca^{2+} 含量下降均较少。在 100 mmol/L 碱液胁迫时，叶片中 Ca^{2+} 含量增加，但在 50 mmol/L 碱液胁迫时，314B 叶片中 Ca^{2+} 含量下降，M-81E 的略有增加。314B 叶鞘中 Ca^{2+} 含量随盐碱胁迫液浓度升高而显著降低（$P<0.05$），M-81E 在 50 mmol/L 碱液胁迫时，叶鞘中 Ca^{2+} 含量基本无变化。根中 Ca^{2+} 含量在胁迫后显著下降（$P<0.05$）。在整株和各器官中，314B 和 M-81E Ca^{2+} 含量大致相同。

4. 甜高粱幼苗 K^+/Na^+ 和 Ca^{2+}/Na^+ 的变化

苏打盐碱胁迫下，甜高粱幼苗各部分 K^+/Na^+ 值和 Ca^{2+}/Na^+ 值变化分别见表 3-1 和表 3-2。从表 3-1 可见，苏打盐碱胁迫处理后，2 个甜高粱品种幼苗叶、叶鞘和根中 K^+/Na^+ 值都降低。在根中，314B 和 M-81E 品种 K^+/Na^+ 值都随盐碱胁迫液浓度升高而显著降低（$P<0.05$）。在叶中，314B 各处理 K^+/Na^+ 值差异显著（$P<0.05$），而 M-81E 在 100 mmol/L 碱液胁迫时，K^+/Na^+ 值虽下降但与 50 mmol/L 碱液胁迫时差异不显著（$P>0.05$）。在叶鞘中，M-81E 各处理 K^+/Na^+ 值差异显著（$P<0.05$），而 314B 在 50 mmol/L 碱液胁迫下，K^+/Na^+ 值虽下降但对照差异不显著（$P>0.05$）。

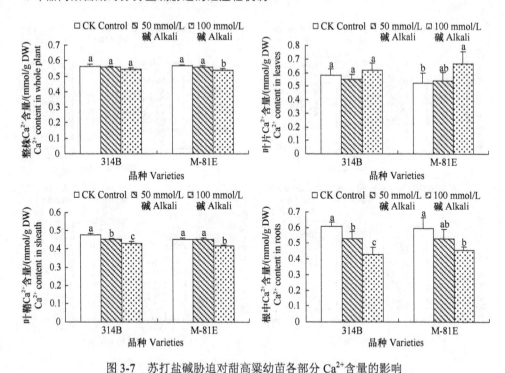

图 3-7 苏打盐碱胁迫对甜高粱幼苗各部分 Ca²⁺含量的影响

Fig. 3-7 Effects of saline-alkali stress on the Ca²⁺ contents in whole plant, leaves, sheath and roots of sweet sorghum seedlings

图中标以不同小写字母表示在 0.05 水平的差异显著性

Different letters marked in the figure mean significance at 0.05 level

表 3-1 苏打盐碱胁迫对甜高粱幼苗各部分 K⁺/Na⁺值的影响

Tab. 3-1 Effects of saline-alkali stress on the K⁺/Na⁺ in leaves, sheath and roots of sweet sorghum seedlings

器官 Organ	品种 Varieties	处理 Treatment		
		CK Control	50 mmol/L 碱 Alkali	100 mmol/L 碱 Alkali
叶 Leaves	314B	2.259 ± 0.115 a	1.443 ± 0.097 b	1.169 ± 0.152 c
	M-81E	2.771 ± 0.181 a	2.028 ± 0.271 b	1.957 ± 0.164 b
叶鞘 Sheath	314B	3.761 ± 0.263 a	3.137 ± 0.285 a	1.986 ± 0.341 b
	M-81E	3.747 ± 0.074 a	2.693 ± 0.070 b	2.084 ± 0.250 c
根 Roots	314B	0.862 ± 0.124 a	0.510 ± 0.046 b	0.227 ± 0.028 c
	M-81E	1.124 ± 0.081 a	0.590 ± 0.015 b	0.258 ± 0.004 c

注：表中标以不同小写字母表示在 0.05 水平的差异显著性

Note: Different letters marked in the table mean significance at 0.05 level

　　从表 3-2 可见，苏打盐碱胁迫处理后，2 个甜高粱品种幼苗叶、叶鞘和根中 Ca²⁺/Na⁺值均降低。在叶中，314B 和 M-81E 胁迫后 Ca²⁺/Na⁺值显著降低（$P<0.05$），但在胁迫的高低浓度处理间差异不显著（$P>0.05$）。在叶鞘和根中，314B 在 50 mmol/L

表 3-2　苏打盐碱胁迫对甜高粱幼苗各部分 Ca^{2+}/Na^+ 值的影响

Tab. 3-2　Effects of saline-alkali stress on the Ca^{2+}/Na^+ in leaves, sheath and roots of sweet sorghum seedlings

器官 Organ	品种 Varieties	处理 Treatment		
		CK Control	50 mmol/L 碱 Alkali	100 mmol/L 碱 Alkali
叶 Leaves	314B	2.370 ± 0.027 a	1.584 ± 0.167 b	1.423 ± 0.206 b
	M-81E	2.652 ± 0.142 a	2.090 ± 0.342 b	1.882 ± 0.137 b
叶鞘 Sheath	314B	2.303 ± 0.168 a	2.214 ± 0.212 a	1.385 ± 0.225 b
	M-81E	2.044 ± 0.094 a	1.686 ± 0.030 b	1.148 ± 0.126 c
根 Roots	314B	1.593 ± 0.278 a	1.506 ± 0.136 a	0.850 ± 0.097 b
	M-81E	1.674 ± 0.260 a	0.943 ± 0.030 b	0.807 ± 0.015 b

注：表中标以不同小写字母表示在 0.05 水平的差异显著性

Note: Different letters marked in the table mean significance at 0.05 level

碱液胁迫下 Ca^{2+}/Na^+ 值虽下降，但与对照差异不显著（$P>0.05$）。在根中，M-81E 胁迫后 Ca^{2+}/Na^+ 值显著降低（$P<0.05$），但在胁迫的高低浓度处理间差异不显著（$P>0.05$）。

5. 甜高粱幼苗 K^+ 和 Ca^{2+} 选择性运输系数的变化

离子选择性运输系数（transport selectivity）$TS_{X,Na}$= 叶 (X^+/Na^+) / 根 (X^+/Na^+)（Pitman，1984；宁建凤等，2010）。通常来说，离子选择性运输系数越大，表明植株对该离子运输的选择性越高，对 Na^+ 运输的选择性越低。苏打盐碱胁迫下，甜高粱幼苗 K^+ 和 Ca^{2+} 选择性运输系数的变化如图 3-8 所示。由图 3-8 可以看出，盐碱胁迫后，甜高粱幼苗的 $TS_{K,Na}$ 逐渐升高。314B 在 50 mmol/L 碱液胁迫时，$TS_{K,Na}$ 虽升高但与对照差异不显著（$P>0.05$）；M-81E 对照与处理间差异显著（$P<0.05$），而且在胁迫下，M-81E 的 $TS_{K,Na}$ 均比 314B 的大。盐碱胁迫后，M-81E 的 $TS_{Ca,Na}$ 与对照相比

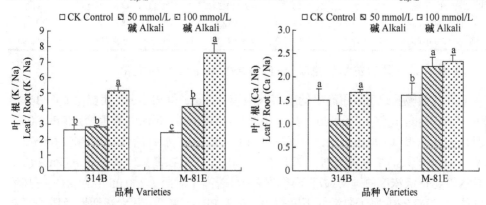

图 3-8　苏打盐碱胁迫对甜高粱幼苗离子选择性运输系数的影响

Fig. 3-8　Effects of saline-alkali stress on the ion transport selectivity of sweet sorghum seedlings

图中标以不同小写字母表示在 0.05 水平的差异显著性

Different letters marked in the figure mean significance at 0.05 level

显著升高（$P<0.05$），但在低和高 2 个浓度碱胁迫时差异不显著（$P>0.05$）。314B 在 50 mmol/L 碱液胁迫时由于叶中含有较多 Na^+，因此 $TS_{Ca,Na}$ 反而显著降低（$P<0.05$），在 100 mmol/L 碱液胁迫时 $TS_{Ca,Na}$ 虽升高但与对照相比差异不显著（$P>0.05$）。

（三）甜高粱幼苗根液泡膜纯度鉴定

使用蔗糖梯度离心方法获得的根液泡膜微囊的纯度需进一步鉴定，通常采用不同抑制剂抑制不同磷酸水解酶活性的方法（Widell and Larsson，1990；Ballesteros et al.，1997；Liu et al.，2004）。液泡膜 ATPase（V-型）活性专一性抑制剂为硝酸盐（NO_3^-），细胞膜 ATPase（P-型）活性专一性抑制剂为钒酸盐（VO_4^{2-}），而线粒体 ATPase（F-型）活性专一性抑制剂为叠氮化钠。甜高粱根液泡膜微囊的特征见表 3-3，从表 3-3 可见甜高粱液泡膜 ATPase 活性在最适 pH（7.5）条件下，总 ATPase 活性受到液泡膜 ATPase 专一性抑制剂硝酸盐的强烈抑制，抑制率为 61.8%～71.7%；细胞膜 ATPase 专一性抑制剂钒酸盐对 ATPase 活性抑制作用较小，抑制率为 18.8%～27.7%；线粒体 ATPase 专一性抑制剂叠氮化钠对 ATPase 活性抑制作用最小，抑制率仅为 4.9%～9.8%。2 个品种对照及碱胁迫处理对不同抑制剂的响应相似。总体来说，各处理根液泡膜的纯度较好，仅被其他类型膜少量污染，可以用于后续各种酶活性的测定。

表 3-3 甜高粱根液泡膜微囊的特征

Tab. 3-3 Characterization of the tonoplast vesicles isolated from roots of sweet sorghum seedlings

| 抑制剂 Inhibitors | ATPase activity/（μmol Pi/mg protein·h） | | | | | |
| | 314B | | | M-81E | | |
	CK	50 mmol/L	100 mmol/L	CK	50 mmol/L	100 mmol/L
Control	15.6（100）	29.1（100）	19.8（100）	18.9（100）	38.1（100）	19.6（100）
KNO₃/（50 mmol/L）	5.8（37.3）	10.2（34.9）	6.2（31.5）	5.4（28.3）	14.6（38.2）	6.6（34.0）
Na₂VO₄/（50 mmol/L）	11.6（74.6）	23.6（81.2）	14.3（72.3）	14.8（78.4）	28.0（73.6）	15.2（77.4）
NaN₃/（2 mmol/L）	14.1（90.2）	27.7（95.1）	18.8（94.8）	17.3（91.6）	35.9（94.3）	18.2（92.9）

（四）甜高粱幼苗根液泡膜 ATPase 和 PPase 活性的变化

苏打盐碱胁迫下，甜高粱幼苗根液泡膜 ATPase 和 PPase 活性变化如图 3-9 所示。当在较低浓度（50 mmol/L）盐碱胁迫时，ATPase 水解活性显著增加（$P<0.05$），但在较高浓度（100 mmol/L）盐碱胁迫时，ATPase 水解活性与对照基本一致。ATPase 质子泵活性在胁迫时显著升高（$P<0.05$），但在高浓度胁迫时 ATPase 质子泵活性比在低浓度胁迫时显著下降，但仍显著高于对照（$P<0.05$）；M-81E 在高浓度胁迫时 ATPase 质子泵活性下降较少。对于 PPase 来说，其水解活性及质子泵活性都随盐碱胁迫液浓度升高而显著降低（$P<0.05$）。总体来看，无论对照还是胁迫处理的根，M-81E 品种液泡膜 ATPase 和 PPase 两个酶的水解活性及质子泵活性均比 314B 的高。

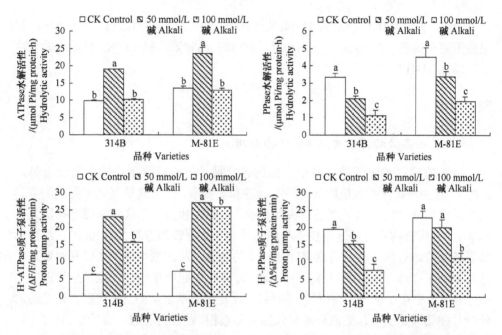

图 3-9　苏打盐碱胁迫对甜高粱幼苗根液泡膜 ATPase 和 PPase 活性的影响

Fig. 3-9　Effects of saline-alkali stress on the ATPase and PPase activities in tonoplast vesicles isolated from roots of sweet sorghum seedlings

图中标以不同小写字母表示在 0.05 水平的差异显著性

Different letters marked in the figure mean significance at 0.05 level

（五）甜高粱幼苗根液泡膜 H⁺/Na⁺ 反向运输蛋白活性的变化

苏打盐碱胁迫下，甜高粱幼苗根液泡膜 H⁺/Na⁺ 反向运输蛋白活性的变化如图 3-10 所示。胁迫后，甜高粱根液泡膜 H⁺/Na⁺ 反向运输蛋白活性均显著增强

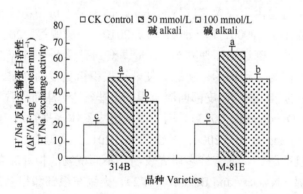

图 3-10　苏打盐碱胁迫对甜高粱幼苗根液泡膜 H⁺/Na⁺ 反向运输蛋白活性的影响

Fig. 3-10　Effects of saline-alkali stress on the H⁺/Na⁺ exchange activities in tonoplast vesicles isolated from roots of sweet sorghum seedlings

图中标以不同小写字母表示在 0.05 水平的差异显著性

Different letters marked in the figure mean significance at 0.05 level

（$P<0.05$），但在高浓度胁迫时 H^+/Na^+ 反向运输蛋白活性比低浓度时显著下降，但仍显著高于对照（$P<0.05$）。在胁迫后，M-81E 品种液泡膜 H^+/Na^+ 反向运输蛋白活性均比 314B 的高。

四、讨论

（一）甜高粱幼苗叶片泌 Na^+ 能力分析

植物的泌盐作用可降低其地上部的含盐量，提高植物耐盐性（张道远等，2003）。有些耐盐性强的植物虽然没有盐腺和盐囊泡，但可通过气孔或细胞间隙将盐分排出体外，如柑橘（刘祖祺和张石城，1994）和星星草（阎秀峰和孙国荣，2000）。有些植物还可通过表皮毛和腺毛排盐（王厚麟和缪绅裕，2000）。甜高粱具有较强的耐盐性，其是否具有叶片排盐的功能目前未见报道。本研究中发现，甜高粱幼苗在苏打盐碱胁迫后，叶片泌 Na^+ 量较对照明显增加，但其量只占叶片中总 Na^+ 量很微小的一部分（不到 1%）。这是甜高粱主动泌 Na^+ 过程，还是胁迫使叶片细胞膜受损引起胞液外流导致的被动过程，还有待于进一步验证。由于 Na^+ 量很少，因此，不管是何种方式都可以认为甜高粱幼苗叶片的泌 Na^+ 行为不是其抵抗盐碱胁迫的主要方式。杨洪兵（2004）认为苹果属植物耐盐品种泌 Na^+ 能力明显大于盐敏感品种，使耐盐品种地上部 Na^+ 含量降低的幅度明显大于盐敏感品种。但在本研究中，耐盐碱品种 M-81E 胁迫后叶片泌 Na^+ 量低于盐碱敏感品种314B，分析其原因，可能是 314B 叶片细胞膜受胁迫损伤较严重，从而引起更多含 Na^+ 的胞液外流所致。

（二）苏打盐碱胁迫对甜高粱幼苗 Na^+、K^+ 和 Ca^{2+} 吸收及运输的影响

盐胁迫和碱胁迫由于都含有过量的 Na^+，离子胁迫可使植物在组织和器官中积累 Na^+（王宝山等，2000；Flowers et al.，2010；马德源等，2011）。根可将 Na^+ 输出至土壤或向地上部运输而使其 Na^+ 含量调整到耐受水平，Na^+ 是从木质部通过蒸腾作用从根部向地上运输的。胁迫会使叶比根积累更多的 Na^+，因为目前的研究表明，叶片中的 Na^+ 通过韧皮部回流至根的量非常少，从而导致 Na^+ 在叶片中积累（Tester and Davenport，2003）。因此，从植物整体水平看，Na^+ 在根和地上部间的梯度分布（Peng et al.，2004；马德源等，2011）及阻止 Na^+ 运输到地上部将有助于植物抵抗盐胁迫。已有许多研究表明，不同植物的拒 Na^+ 部位是不同的，大麦主要在根部（Nassery and Baker.，1972）、大豆在根部和根茎部（於丙军等，2003）、小麦在根部或根茎结合部（杨洪兵等，2002）、荞麦在根和茎基部（马德源等，2011）。且马德源等（2011）研究表明，荞麦耐盐品种整体拒 Na^+ 能力明显大于盐敏感品种。本研究中 2 个甜高粱幼苗在苏打盐碱胁迫后整株及各组织中的 Na^+ 随胁迫液浓度的升高而增加。从整株 Na^+ 含量来看，除在低浓度（50 mmol/L）

胁迫时，M-81E 比 314B 有较大量 Na^+ 的吸收外，在对照及高浓度胁迫时 2 个品种的 Na^+ 吸收量基本相似。M-81E 在胁迫后，Na^+ 主要积累在根部和叶鞘，而叶片中 Na^+ 含量较低；314B 在胁迫后，根和叶鞘中 Na^+ 含量也升高，但却将大量 Na^+ 积存在叶片中，且在盐碱胁迫后，叶中的 Na^+ 含量高于根。可见，甜高粱根和叶鞘在苏打盐碱胁迫时作为 Na^+ 的储库，而耐盐碱品种 M-81E 将 Na^+ 聚在根和叶鞘中，可有效地限制 Na^+ 向地上部运输，使地上部可以进行正常的生理活动，缓解胁迫造成的伤害。王宝山等（2000）研究 NaCl 胁迫对高粱不同器官离子含量的影响时也认为高粱的叶鞘具有明显的储 Na^+ 作用。

苏打盐碱胁迫环境中过量的 Na^+ 会妨碍一些重要营养元素的吸收、运输及其生化功能，如钾元素。原因是 Na^+ 和 K^+ 具有相似的物理化学结构，Na^+ 可能与 K^+ 竞争离子运输载体的结合位点而通过 K^+ 载体进入共质体，导致 K^+ 营养缺乏；进入到细胞质中的 Na^+ 可能替代 K^+ 结合到一些严格依赖钾元素酶的位点上，破坏这些酶所参与的生理进程（Maathuis and Amtmann，1999）。因此，植物组织中 Na^+ 含量升高，而 K^+ 含量降低被认为是 Na^+ 胁迫下最直接的后果（Peng et al.，2004）。但是植物体内的高 K^+/Na^+ 值对于盐胁迫下重建细胞内离子平衡具有重要意义（李平华等，2003）。本研究中，盐碱胁迫降低了甜高粱整株及各组织中 K^+ 含量，但根中 K^+ 含量降低幅度最大，叶片降低最小；且无论是整株水平还是各器官中，M-81E 的 K^+ 含量均高于 314B，而 K^+ 营养被认为是影响非盐生植物耐盐性的关键性因素（Zhu，2000）。胁迫下，Na^+ 升高及 K^+ 降低，使得甜高粱叶、叶鞘和根中的 K^+/Na^+ 值下降，且根中的 K^+/Na^+ 值低于 1，而 K^+/Na^+ 值等于 1 被认为是植物进行正常代谢的最下限（Maathuis and Amtmann，1999）。保持适当的 K^+/Na^+ 值也被认为与植物的耐盐性相关（Greenway and Munns，1980）。耐性品种 M-81E 叶片和根中的 K^+/Na^+ 均高于敏感品种 314B，王晓冬等（2011）也得出小麦耐性品种的 K^+/Na^+ 值要明显高于敏感品种。根中 K^+ 含量降低最大，可能是 Na^+ 抑制了 K^+ 的吸收或是 K^+ 外流导致。目前关于 K^+ 外流的观点有两个：一是认为由于 Na^+ 大量积累引起细胞膜的破坏，导致细胞内的 K^+ 外流；另一种观点认为细胞膜上存在 K^+ 流出离子通道（KORC）（Britto and Kronzucker，2008；Szczerba et al.，2009），Na^+ 取代细胞膜上的 Ca^{2+} 可诱导细胞膜去极化，细胞膜去极化将激活 KORC，因而引起 K^+ 的外流和 Na^+ 顺其电化学势的内流（Schachtman，2000）。另外，还发现 K^+ 选择性运输系数 $TS_{K,Na}$ 在甜高粱不同品种间存在较大差异。盐碱胁迫后，M-81E 的 $TS_{K,Na}$ 明显高于 314B，表明 M-81E 可将更多的 K^+ 从根部向地上部运输，使地上部虽有 Na^+ 积累但仍保持较高的 K^+/Na^+ 值。

盐碱胁迫也会影响钙元素的吸收和利用，钙是植物必需的大量营养元素，对植物细胞的结构和生理功能有重要作用。可维持细胞壁、细胞膜及膜结合蛋白的稳定性，调节无机离子的运输，同时作为第二信使，可感受、传递和响应环境信号的变化，在植物抗逆机制中起着重要作用（何龙飞等，2000；宗会和李明启，

2001)。研究表明，Ca^{2+}能提高水稻幼苗的耐盐性（朱晓军等，2005）。本研究中，苏打盐碱胁迫后，甜高粱幼苗整株、叶鞘及根中 Ca^{2+} 含量下降，但叶在高浓度胁迫时 Ca^{2+} 含量有所升高。胁迫降低了各器官的 Ca^{2+}/Na^+ 值，可能导致细胞膜上 Ca^{2+} 失去平衡，无法发挥其保护细胞的作用，使细胞膜的稳定性和选择性下降。品种 M-81E 胁迫后叶中的 Ca^{2+}/Na^+ 值大于 314B，但由于叶鞘和根中积累较多的 Na^+，从而使其 Ca^{2+}/Na^+ 值小于 314B。盐碱胁迫后，M-81E 的 Ca^{2+} 选择性运输系数 $TS_{Ca,Na}$ 显著高于对照（$P<0.05$），而 314B 在低浓度碱液胁迫时 $TS_{Ca,Na}$ 显著降低（$P<0.05$），在高浓度时略有升高。从以上结果可见，盐碱胁迫后，M-81E 较 314B 具有更强的向地上部运输 Ca^{2+} 的能力。

（三）苏打盐碱胁迫对甜高粱幼苗根部液泡 Na^+ 区域化的影响

Na^+ 区域化在植物耐盐过程中起到非常重要的作用：可降低细胞的渗透势；维持胞质溶胶中正常的盐浓度，避免对细胞器的伤害，减少对胞质中各种酶的影响；增加液泡的膨压，使液泡体积增大。植物通过细胞膜和液泡膜上 Na^+/H^+ 反向运输蛋白的逆向转运实现 Na^+ 的外排和区域化（Blumwald，2000）；Na^+/H^+ 反向运输蛋白转运活性高低与植物的耐盐性密切相关（陈观平等，2006）。王宝山等（2000）研究认为高粱根只有在低浓度盐胁迫时才可向根际分泌少量的 Na^+，高粱的耐盐性主要体现在把 Na^+ 区域化到液泡中。Na^+ 从胞质向液泡运输主要通过液泡膜上的 Na^+/H^+ 反向运输蛋白来完成（Apse et al.，1999）。它是依靠液泡膜上的腺苷三磷酸酶（ATPase）和焦磷酸酶（PPase）建立的跨膜质子浓度梯度来驱动的。因此，液泡内离子区域化与液泡膜上 ATPase、PPase 和 Na^+/H^+ 反向运输蛋白三者是密切相关的。盐胁迫的碱蓬叶片液泡膜上 H^+-ATPase 水解活性和质子泵活性，以及 Na^+/H^+ 反向运输蛋白的活性均增加（Qiu et al.，2007）。马铃薯盐适应细胞系在盐处理时液泡膜 H^+-PPase 活性比对照增加 3 倍（Queirós et al.，2009）。但是，有研究报道胡萝卜液泡膜上 H^+-ATPase 的活性在盐胁迫时不发生变化（Colombo and Cerana，1993），也有一些研究证明 NaCl 胁迫下液泡膜 H^+-PPase 活性降低（Otoch et al.，2001；Silva et al.，2010）。

本研究中，低浓度盐碱胁迫使甜高粱幼苗液泡膜 ATPase 水解活性增强，这将有助于水解更多的 ATP，为质子泵的质子跨膜转运提供能量。当胁迫浓度增加时，ATPase 水解活性降低，可能细胞中的 Na^+ 含量超过了植物耐受的阈值，使酶的活性受到影响。胁迫增加了甜高粱幼苗液泡膜 ATPase 质子泵活性，其活性的增加有利于盐碱胁迫下 H^+ 和 Na^+ 跨膜的逆向转运，这对维持细胞质离子平衡、pH 恒定和代谢正常进行具有重要作用。盐碱胁迫同时降低了甜高粱幼苗液泡膜 PPase 的水解活性及质子泵活性。一般认为，在幼嫩组织中 PPase 的活性较高，而 ATPase 在植物生长和成熟过程中始终保持相对恒定（Martinoia et al.，2007）。从甜高粱幼根 PPase 和 ATPase 质子泵数值来看，正常生长条件下，似乎幼根液泡膜上起主要质子泵作用的是 PPase；而胁迫后 ATPase 逐渐成为主要质子泵。因而推测，对于甜高粱来说，液泡膜上 PPase 对苏打盐碱胁迫比 ATPase 更敏感，ATPase 可能在抗逆过程中发挥主要作用。胁迫后甜高粱根液泡膜 Na^+/H^+ 反向运输蛋白活性显著增强（$P<0.05$），这与 ATPase 质子泵活性变化趋势相同，进一步证实了 ATPase 是胁迫后的主要质子泵。液泡膜 Na^+/H^+ 反向运输蛋白活性增强将运输更多的 Na^+ 进入液泡，而逆向运输较多的 H^+ 进入细胞质，这将有助于平衡细胞质中 K^+/Na^+ 值及 pH，保障细胞质中各种生理代谢正常进行。

在受到高低两种浓度的苏打盐碱胁迫后，品种 M-81E 根液泡膜上 ATPase、PPase 和 Na^+/H^+ 反向运输蛋白的活性均大于 314B，从这些结果中可看出，M-81E 比 314B 具有更强的液泡 Na^+ 区域化能力，因此耐性更强。

第三节　苏打盐碱胁迫下甜高粱体内有机酸变化及分泌的研究

一、引言

有机酸是低分子质量、带有羧基的具有缓冲作用的化合物，是植物体内物质和能量代谢重要的中间产物，且在植物适应各种逆境的过程中起着重要的作用。研究表明，在 Fe、P、Al、干旱、盐碱、重金属、UV-B 辐射等非生物逆境下，有机酸参与了植物对逆境胁迫的生理性适应（郭立泉等，2005）。而在盐碱胁迫下，植物体内有机酸可能有两方面作用：一是中和过多的 Na^+，降低阳离子的毒害作用；二是抵抗外界的高 pH 环境。研究表明，在盐胁迫和碱胁迫下，苜蓿（Fougère et al.，1991）、羊草（颜宏等，2000）、星星草（Shi et al.，2002）、小冰麦（杨国会，2010）等植物体内可积累大量有机酸。同时，也发现在盐碱胁迫下，根系可向根际环境分泌有机酸，这可能是植物受碱胁迫诱导而形成的一种复杂的适应性机制，以应对高 pH 给植物带来的伤害及电荷失衡。因此猜测有机酸代谢调节可能与植物的抗碱性机制密切相关（Shi and Sheng，2005）。目前未见关于高粱或甜高粱在盐碱胁迫下有机酸变化的报道。因此，本研究分析了苏打盐碱胁迫下甜高粱幼苗地上部和根部有机酸的变化（戴凌燕等，2015），以及根系分泌有机酸的特性，探讨有机酸在甜高粱抗盐碱过程中的生理作用，以期为全面阐明甜高粱对苏打盐碱胁迫的适应机制提供有机酸方面的理论依据。

二、材料与方法

（一）供试材料

选取苗期筛选出耐性强的品种 M-81E 和耐性弱的品种 314B 为试验材料。

（二）试验设计

1. 有机酸及 PEPC 酶活性的测定

挑取饱满甜高粱种子经 0.1% $HgCl_2$ 消毒 5 min，经蒸馏水冲洗干净后，水中浸泡 12 h，置放在滤纸上发芽，发芽后播于高 22 cm、直径 20.5 cm 的塑料花盆中，每个花盆内装有洁净石英砂 7.5 kg。每盆固定 30 株苗，每个处理 6 盆。幼苗在室外自然光条件下生长，保护其不接收雨水，每 2 d 使用自来水配制的 Hoagland 营养液透灌。

以自来水配制的 Hoagland 营养液为溶剂，将碱性盐 $NaHCO_3$ 和 Na_2CO_3 按摩尔比 5：1 配制成盐浓度为 50 mmol/L（pH 9.32，盐度 2.95%）、100 mmol/L（pH 9.33，盐度 5.92%）碱溶液作为盐碱胁迫液。待甜高粱幼苗长至 3 叶 1 心时，对照组（CK）仍用 Hoagland 营养液（pH 6.80，盐度 0.40%）培养，而处理组用胁迫液培养，2 d 后再透灌一次，胁迫处理时避免将胁迫液淋到叶片上，3 d 后取样测定甜高粱地上部和根部有机酸含量，以及地上部、根部和根尖的 PEPC 酶活性等各项指标。

2. 根系分泌有机酸的测定

将砂培至 1 叶 1 心的幼苗转至温室水培法培养。挑选生长一致的幼苗移入大烧杯中，以泡沫盘支撑，大烧杯外包裹双层黑遮光布以避光。用 Hoagland 营养液培养，每 3 d 更换一次，昼夜培养温度为（25±1）℃，光周期为 14 h 光/10 h 暗，光照强度为 60 μmol/(m^2·s)，每天通气 6 h。每个烧杯中放入 10 株甜高粱幼苗，每处理设 3 个重复。待水培 2 周后进行胁迫处理，对照仍用 Hoagland 营养液，而处理组以营养液为溶剂，将碱性盐 $NaHCO_3$ 和 Na_2CO_3 按摩尔比 5：1 配制成盐浓度为 50 mmol/L（pH 9.34，盐度 2.95%）和 100 mmol/L（pH 9.37，盐度 5.92%）碱溶液来培养。每隔 4 h 用 pH 计测定两个品种不同处理培养液的 pH。胁迫 2 d 后，收集培养液，3000 r/min 离心 10 min，取上清用旋转蒸发仪 40℃蒸干，用适量去离子水溶解后用于有机酸的测定，测定方法同地上部及根部有机酸含量的测定。

（三）指标测定

1. 有机酸测定

对于砂培幼苗，在盐碱胁迫 3 d 后，将地上部和根洗净分开，置烘箱中 105℃杀酶 10 min，然后在 40℃下烘干至恒重。有机酸含量测定参考 Chen 等（2009a）的方法，称取干粉约 0.1 g，加去离子水 15 mL，在沸水浴中提取 30 min，提取液用于有机酸测定。

试验用的草酸、酒石酸、甲酸、丙酮酸、苹果酸、乳酸、乙酸、柠檬酸及琥珀酸标准品均采用分析纯，测定时配制成一定质量浓度（mg/100 mL）。

采用高效液相测定有机酸，高效液相色谱仪（美国 Agilent 公司，型号：1200）配备：G1310A 四元梯度泵、G1365D 多波长紫外检测器、G1329A 恒温自动进样器、G1322A 在线脱气机、G1316A 柱温控制单元和 Chemstation 色谱工作站；色谱柱：Sepax Bio-C18（250 mm×4.6 mm ID，5 μm，200 Å）；流动相：50 mmol/L 磷酸氢二钾缓冲液（磷酸调 pH=2.53）；流速：0.6 mL/min；柱温：30℃；紫外检测波长：210 nm，带宽 40 nm；进样量：20 μL。

2. PEPC 酶活性测定

取砂培盐碱胁迫 3 d 后幼苗，把根洗净后，将地上部和根部分开，并另取一部分根尖（距根尖 1 cm 左右的根），用各部分鲜样测定 PEPC 酶活性。

酶活性测定参照焦进安和施教耐（1987）的方法，并稍作修改。取地上部、根及根尖 2 g 左右，按 1∶4（鲜重∶提取缓冲液）加入提取缓冲液［包括：0.1 mol/L Tris-HCl、1 mmol/L EDTA、10 mmol/L $MgCl_2$、25%（V/V）甘油、0.3%可溶性聚乙烯吡咯烷酮，最后用 HCl 调 pH 为 7.3］，冰浴研磨成匀浆，在 4℃、15 000 r/min 离心 15 min，取上清进行酶活性测定。反应体系为 2 mL，反应液中包括：0.1 mol/L Tris-HCl、1 mmol/L $NaHCO_3$、5 mmol/L $MgCl_2$、0.3 mg NADH，过量苹果酸脱氢酶、PEP 及酶液。反应体系在 27℃保温 30 min，加 PEP 使终浓度达 6 mmol/L 启动反应，测定 340 nm 下的光密度下降值，以光密度下降 0.01 代表一个酶活性单位。各组织中的蛋白质含量采用考马斯亮蓝法测定。

（四）数据统计分析

所得数据均用 SPSS 16.0 和 EXCEL 2007 软件进行统计分析，采用单因素方差分析（ANOVA）和新复极差法（Duncan）比较同一品种不同处理间的差异显著性，$P<0.05$ 时有统计学意义，数值为平均值±标准差。

三、结果与分析

（一）高效液相对有机酸分离的效果

采用高效液相色谱仪测定有机酸，标准品及样品的测定谱图如图 3-11 所示。从图 3-11a 可以看出，9 种有机酸得到了完全的分离，分离效果较好。经过多次验证，保留时间为 13.141 min 物质是分析纯苹果酸中的杂质。从图 3-11b 可以看出，样品中的各酸也被较好地分离开，样品中还有许多杂峰，也正是由于样品中含有其他非有机酸的组分，使各酸出现的时间较标准品有微小的差别。

（二）苏打盐碱胁迫对甜高粱地上部及根部有机酸的影响

1. 对地上部有机酸的影响

苏打盐碱胁迫对甜高粱植株地上部有机酸含量的影响如图 3-12 所示。根据各有机酸的保留时间，通过 HPLC 方法可测出地上部含有草酸、酒石酸、甲酸、丙酮酸、苹果酸、乳酸、乙酸及柠檬酸，但琥珀酸未检测出。在盐碱胁迫后，地上

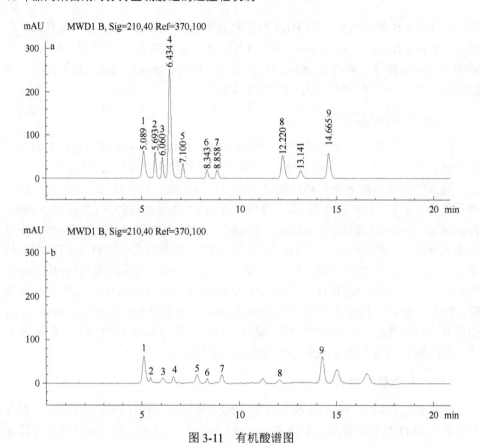

图 3-11　有机酸谱图

Fig. 3-11　The chromatogram of organic acid

a.有机酸标准品谱图；b.样品谱图

1.草酸；2.酒石酸；3.甲酸；4.丙酮酸；5.苹果酸；6.乳酸；7.乙酸；8.柠檬酸；9.琥珀酸

a.The standard substance chromatogram of organic acid；b.The sample chromatogram

1.Oxalic acid；2.Tartaric acid；3.Formic acid；4.Pyruvic acid；5.Malic acid；6.Lactic acid；7.Acetic acid；8.Citric acid；9.Succinic acid

部的各有机酸中，除草酸含量略微增加外，其余各酸在胁迫后，均比对照有所下降，不同品种表现不同。M-81E 地上部的草酸在胁迫后显著增加（$P<0.05$），而 314B 不显著。在胁迫后，两个甜高粱品种的酒石酸和甲酸均下降，但 314B 均为显著下降（$P<0.05$），而 M-81E 均不显著。M-81E 的乳酸和乙酸在低浓度胁迫（50 mmol/L，下同）时，虽降低但差异不显著，但在高浓度胁迫（100 mmol/L，下同）时显著降低（$P<0.05$）；而 314B 在低浓度胁迫时两种酸含量就显著下降（$P<0.05$）。M-81E 胁迫后苹果酸含量略降，而 314B 在低浓度时下降，但在高浓度时显著升高（$P<0.05$）。丙酮酸含量在胁迫后均显著降低（$P<0.05$）。而对于柠檬酸来说，无论是对照还是胁迫处理组，M-81E 品种的含量均远高于 314B。总体说来，各类有机酸在两个品种的对照组中多少不一，但在胁迫后，M-81E 的各种有机酸含量基本全高于 314B，尤其是在低浓度胁迫时。

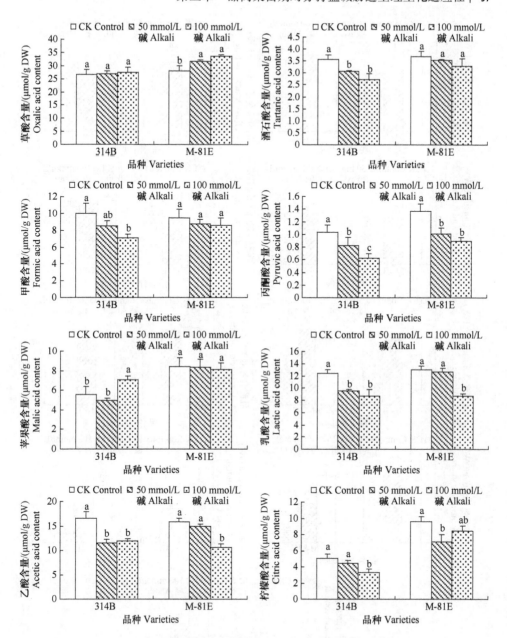

图 3-12 苏打盐碱胁迫对甜高粱幼苗地上部有机酸含量的影响

Fig. 3-12 Effects of saline-alkali stress on the organic acid contents in shoots of sweet sorghum seedlings

图中标以不同小写字母表示在 0.05 水平的差异显著性

Different letters marked in the figure mean significance at 0.05 level

2. 对根部有机酸的影响

苏打盐碱胁迫对甜高粱植株根部有机酸含量的影响如图 3-13 所示。通过 HPLC

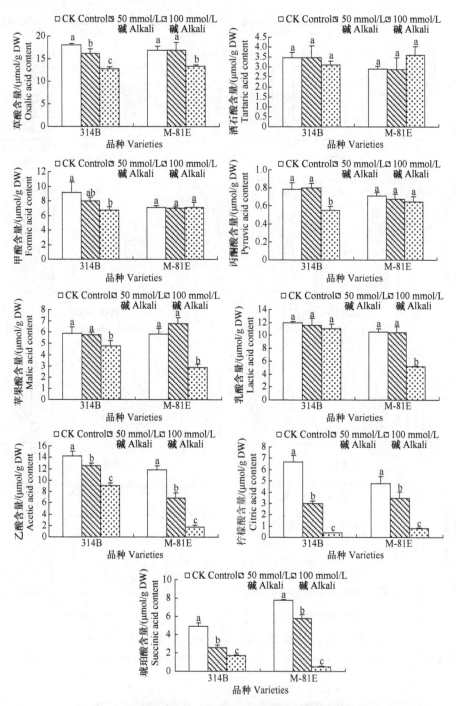

图 3-13　苏打盐碱胁迫对甜高粱幼苗根部有机酸含量的影响

Fig. 3-13　Effects of saline-alkali stress on the organic acid contents in roots of sweet sorghum seedlings

图中标以不同小写字母表示在 0.05 水平的差异显著性

Different letters marked in the figure mean significance at 0.05 level

方法检测出地下部含有机酸种类同地上部，并检测出琥珀酸。在盐碱胁迫后，根部各有机酸整体趋势是下降的，只有 M-81E 品种苹果酸在低浓度胁迫下及酒石酸在高浓度胁迫下有所升高，但差异不显著。与各自对照相比，M-81E 根部甲酸和丙酮酸在胁迫后与对照相比虽降低但无显著性差异，而 314B 此 2 种酸含量则在高浓度胁迫时显著下降（$P<0.05$）。M-81E 根部草酸、苹果酸和乳酸在低浓度胁迫时无显著性差异，但在高浓度胁迫时显著下降（$P<0.05$）；而 314B 的草酸在低或高浓度胁迫时均显著下降（$P<0.05$），乳酸在胁迫后降低不显著。对于乙酸、柠檬酸和琥珀酸来说，M-81E 和 314B 均随胁迫浓度加大而显著降低（$P<0.05$），且 M-81E 这 3 种酸在高浓度胁迫时含量降至很低。总体看来，甜高粱幼苗地上部各有机酸含量多于根部。

3. 对地上部及根部总有机酸含量的影响

苏打盐碱胁迫对甜高粱植株地上部及根部总有机酸含量的影响如图 3-14 所示。地上部总有机酸含量的变化在两个品种中有较大不同（图 3-14a），314B 在胁迫后，地上部总有机酸显著降低（$P<0.05$），但高和低两个浓度胁迫间无显著性差异；M-81E 在低浓度胁迫时地上部总有机酸略有下降但差异不显著。根部总有机酸含量变化在两个品种中趋势一致（图 3-14b），在低浓度胁迫时，314B 根总有机酸含量下降了 15.2%，而 M-81E 下降了 11.1%；但在高浓度胁迫时，M-81E 下降较多，为 47.7%，而 314B 仅为 33.2%。

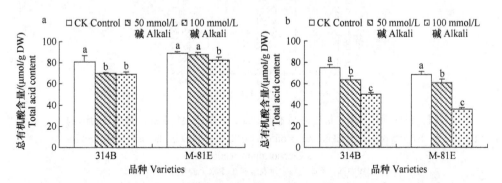

图 3-14　苏打盐碱胁迫对甜高粱幼苗总有机酸含量的影响

Fig. 3-14　Effects of saline-alkali stress on the total organic acid contents in shoots and roots of sweet sorghum seedlings

a.地上部；b.根部

a. in shoots；b. in roots

图中标以不同小写字母表示在 0.05 水平的差异显著性

Different letters marked in the figure mean significance at 0.05 level

（三）苏打盐碱胁迫对甜高粱地上部、根部及根尖 PEPC 酶活性的影响

有研究表明，有机酸代谢与 PEPC 酶活性有一定相关性，本研究为探讨在苏

打盐碱胁迫下，有机酸含量是否与 PEPC 酶活性间存在相关性，测定了胁迫下 PEPC 酶活性，结果如图 3-15 所示。地上部 PEPC 酶活性的变化在两品种间不同，314B 在胁迫后 PEPC 酶活性下降，但差异不显著，且低浓度较高浓度胁迫下降的更多；M-81E 在胁迫后 PEPC 酶活性显著增加（$P<0.05$），低浓度胁迫增加最多。在根部，314B 在低浓度胁迫时 PEPC 酶活性显著增加（$P<0.05$），但在高浓度胁迫时下降；M-81E 在低浓度时的结果同 314B，但其在高浓度胁迫时 PEPC 酶活性较对照还略微增加。在根尖处，两品种 PEPC 酶活性变化趋势同根部；314B 的对照比 M-81E 的 PEPC 酶活性高很多，在低浓度胁迫时，314B 的 PEPC 酶活性仅增加了 7.5%，M-81E 则增加了 31.4%；而在高浓度胁迫时，314B 降低了 54.0%，M-81E 只降低了 10.0%。

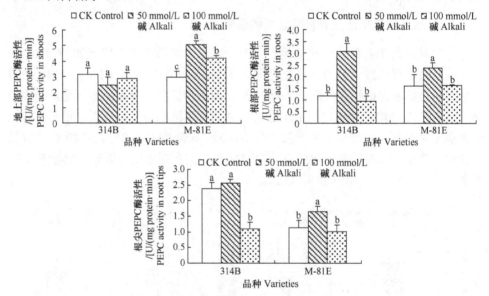

图 3-15　苏打盐碱胁迫对甜高粱地上部、根部及根尖 PEPC 酶活性的影响

Fig. 3-15　Effects of saline-alkali stress on the PEPC activities in shoots，roots and root tips of sweet sorghum seedlings

图中标以不同小写字母表示在 0.05 水平的差异显著性

Different letters marked in the figure mean significance at 0.05 level

（四）苏打盐碱胁迫对甜高粱根系分泌有机酸的影响

1. 甜高粱幼苗根外 pH 的变化

苏打盐碱胁迫后，甜高粱幼苗培养液 pH 在 48 h 内的变化如图 3-16 所示。两品种的对照培养在 Hoagland 营养液中，pH 为 7.32，在开始的 8 h 内，两品种的 pH 均下降，而后逐渐上升至最初水平，M-81E 下降幅度大。在低浓度胁迫时，两品种根外 pH 逐渐下降，且在开始的 4 h 内 pH 下降速率最大，以后速率慢慢下降；pH 下降速率前 24 h 比后 24 h 大；在整个测试时间范围内，M-81E 根外 pH 都较

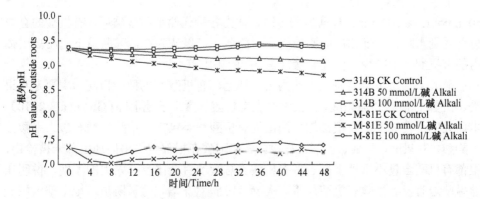

图 3-16　苏打盐碱胁迫对甜高粱幼苗根外 pH 的影响

Fig. 3-16　Effects of saline-alkali stress on the pH of outside roots of sweet sorghum seedlings

314B 低，说明其 pH 下降的快；10 株甜高粱幼苗放在 200 mL 低浓度盐碱处理液中培养 48 h 后，M-81E 品种的 pH 从 9.34 降低到 8.81，314B 的 pH 则从 9.34 降到 9.10。而在高浓度胁迫时，两品种的 pH 先略微下降，而后逐渐回升至原培养液的数值，M-81E 在各时间点上，其根外 pH 均较 314B 略低。

2. 甜高粱根系分泌有机酸

由于高浓度胁迫下，甜高粱培养液的 pH 没有下降，因此本研究仅用高效液相色谱法测定了低浓度胁迫甜高粱 2 d 后的培养液中有机酸含量。结果在对照组的水培液中只检测到少量草酸，M-81E 中为 0.401 μmol/(株·d)，314B 中为 0.423 μmol/(株·d)。而在低浓度胁迫液中仅检测到了少量丙酮酸，M-81E 中为 0.105 μmol/(株·d)，314B 中为 0.092 μmol/(株·d)。

四、讨论

（一）苏打盐碱胁迫下甜高粱幼苗有机酸含量的变化

苏打盐碱胁迫与中性盐胁迫的最直接差异就是具有高 pH。前人通过研究星星草（石德成和殷立娟，1993；郭立泉等，2009）及羊草（石德成等，1998）对 Na_2CO_3 的抵抗机制时提出，植物体内积累对高 pH 具有缓冲作用的酸性代谢物（如有机酸等）是植物对环境高 pH 的适应方式之一。但曲元刚与赵可夫（2004，2003）在研究 NaCl 和 Na_2CO_3 对玉米及碱蓬的胁迫效应时发现，玉米在碱胁迫下，有机酸增加很少，而碱蓬有机酸则下降；推测有机酸等酸性物质对高 pH 的缓冲作用较小。本研究中，在苏打盐碱胁迫下，甜高粱幼苗地上部和根部的各个有机酸及总有机酸含量未升高反而下降，与在玉米及碱蓬上的研究结果一致，这可能是由于甜高粱、玉米及碱蓬等植物的抗碱性不如羊草和星星草的强。甜高粱在受到

50 mmol/L 及 100 mmol/L 盐碱胁迫时，体内各种代谢平衡被破坏，有机酸的合成也会受到影响，在低浓度时影响较小。因此，可以认为在盐碱胁迫下，甜高粱体内的有机酸被动减少，而起到缓冲高 pH 的作用较小。

前人关于星星草的研究中认为根和地上部有机酸产生种类相同，主要是苹果酸、草酸、柠檬酸和琥珀酸，且根中产生有机酸含量小于地上部（Guo et al., 2010）。本研究中，在地上部及根部均检测出的有机酸种类包括：草酸、酒石酸、甲酸、丙酮酸、苹果酸、乳酸、乙酸及柠檬酸，琥珀酸在根部被检出但地上部未被检出，根部有机酸含量小于地上部。各有机酸占总酸的百分比没有太大的差别，说明在盐碱胁迫时没有主效有机酸积累。从 M-81E 品种来看，盐碱胁迫对地上部丙酮酸和柠檬酸代谢影响较大，对根部乙酸、柠檬酸和琥珀酸影响较大。根中检出的琥珀酸量较高，而实际在地上部未被检出，作者认为，地上部含有琥珀酸，且该酸的量应该高于根部的。而检测时未检出的原因可能是在通过高效液相色谱进行分离时，由于样品中其他物质的影响，而使样品中的琥珀酸在标准品出现的保留时间处未出现峰值。

两个甜高粱品种在胁迫后，各有机酸及总有机酸含量的变化不同。M-81E 地上部的一些有机酸虽下降但与对照相比差异不显著，而 314B 下降显著（$P<0.05$）。而且，不管 M-81E 对照组中各种有机酸的含量是多于还是少于 314B，但在胁迫后，M-81E 的各种有机酸含量基本全高于 314B，尤其是在低浓度胁迫时。在根部，M-81E 各酸受到的影响也小于 314B。从总有机酸含量上来看，M-81E 在低浓度胁迫时，无论地上部还是根部的总有机酸含量均比 314B 下降幅度小。以上结果可以说明，品种 M-81E 有机酸代谢受苏打盐碱胁迫的影响小于 314B，表现出较强的抗性。

（二）苏打盐碱胁迫下甜高粱幼苗 PEPC 酶活性的变化

有机酸主要是在三羧酸循环过程中产生的，因此研究三羧酸循环过程中的关键酶将有助于了解不同甜高粱品种在苏打盐碱胁迫下有机酸含量差异的机制。PEPC 是三羧酸循环中的关键酶，它可催化 PEP 与 CO_2 反应生成草酰乙酸，然后再由草酰乙酸生成苹果酸，进而再去合成其他类型的有机酸。有研究表明，玉米在低 P 胁迫下，根尖中有机酸含量与根尖中 PEPC 酶活性呈正相关（Gaume et al., 2001）。李庆余等（2011）发现在樱桃、番茄果实成熟过程中，全铵处理下果实中苹果酸含量与 PEPC 酶活性呈显著正相关。但本研究中，两个甜高粱品种在受到盐碱胁迫后，地上部及根部的有机酸含量都是下降的，但地上部、根部及根尖部的 PEPC 酶活性在低浓度胁迫时基本是升高的，除 314B 的地上部。虽然没有发现有机酸含量与 PEPC 酶活性存在直接相关性，但是能看出甜高粱在盐碱胁迫下，通过 PEPC 酶活性的增强来加快同化 CO_2 及推动三羧酸循环的进行，来补偿有机酸的减少。胁迫浓度过高后，PEPC 酶活性降低，有机酸的含量也大幅下降。可见，PEPC 酶活性升高，有机酸含量下降幅度小，但若 PEPC 酶活性降低，有机酸含量就会大幅下降。M-81E 地上部 PEPC 酶活性在胁迫后都显著增强（$P<0.05$），其地上部有机酸含量就下降很少。M-81E 根尖部 PEPC 酶活性在低浓度时增加幅度大于 314B，根部有机酸含量下降幅度小于 314B。因此，从有机酸含量及 PEPC 酶活性方面也可以看出 M-81E 受苏打盐碱胁迫的伤害要小于 314B。

（三）有机酸在根外 pH 调节中的作用

根分泌试验结果表明，甜高粱在受到苏打盐碱胁迫时，能迅速降低根外 pH，且调节能力较强。其中 M-81E 品种的降低根外 pH 的能力更强。而对根分泌有机酸组分及含量进行分析时发现，对照及盐碱胁迫两组中，甜高粱分泌的有机酸含量都很少，且检测的组分也不相同，对照中只检测到少量草酸，胁迫组中仅检测到少量丙酮酸，且分泌的量都很低。所以，分泌的有机酸在降低根外 pH 的过程中作用很小。因此，推测甜高粱一定还存在其他调节根外 pH 的方式，如根呼吸释放出的 CO_2、H^+ 及分泌的氨基酸等，也可能起到调节根外 pH 的作用。

第四章 甜高粱苗期对苏打盐碱胁迫生态适应性

第一节 苏打盐碱胁迫下甜高粱幼苗形态及叶片的显微结构

一、引言

植物的形态结构总是与环境相适应，环境对植物的长期作用，影响了植物的形态建成。逆境影响植物生长，并可引起植物形态结构发生相应变化。在盐胁迫的研究中，由于叶片的组织结构对生境条件的反应较为敏感，也是植物进行生理代谢活动的主要场所，所以叶片是研究最多的器官。

二、材料与方法

（一）供试材料

选取苗期筛选出耐性强的品种 M-81E 和耐性弱的品种 314B 为试验材料。

（二）试验设计

挑取饱满甜高粱种子经 5%的次氯酸钠消毒 10 min，蒸馏水冲洗干净后，水中浸泡 12 h 后置放在滤纸上发芽，发芽后播于盛有 5 kg 石英砂的花盆中，每 3 d 用蒸馏水透灌，待幼苗长至 2 叶时（6 d 后），每盆留 20 株生长相对一致的幼苗进行盐碱胁迫处理。

用 Hoagland 营养液将碱性盐 $NaHCO_3$ 和 Na_2CO_3 按摩尔比 5∶1 配制成盐浓度为 50 mmol/L 溶液作为苏打盐碱胁迫液（pH 9.27，盐度 2.79%）。待甜高粱幼苗长至 2 叶时，对照组（CK）用 Hoagland 营养液（pH 6.69，盐度 0.38%）透灌，处理组用胁迫液透灌。以后每 3 d 透灌一次，植株在自然条件下培养，遮雨防水。每组设 3 个重复，处理 3 周后取样测定其各项指标。

（三）指标测定

1. 生长指标观察及测定

盐碱胁迫 3 周后，观察 314B 和 M-81E 的处理及对照的生长状况。每组随机挑选 10 株植物材料测量株高及茎基粗度（以周长表示）。

2. 叶片显微结构的观察及测定

在完全伸展第 4 叶片中部取主脉和避开主脉的两侧取样，取样面积 5 mm×

5 mm，用福尔马林-醋酸-酒精固定液（FAA）固定，真空泵抽气至叶片下沉，然后乙醇和二甲苯系列梯度脱水，石蜡包埋，横切片厚度 10 μm，番红-固绿二重染色（林加涵等，2002）。中性树胶封片后在 OLYMPUS 光学显微镜下用测微尺测量叶片厚度、最大导管直径、中脉厚度、上下表皮厚度和上下角质层厚度。每个处理观测 10～15 个视野，取均值，同时进行显微照相。

（四）数据统计分析

所得数据均用 SPSS 16.0 和 EXCEL 2007 软件进行统计分析，采用单因素方差分析（ANOVA）和新复极差法（Duncan）比较同一品种不同处理间的差异显著性，$P<0.05$ 时有统计学意义，数值为平均值±标准差。

三、结果与分析

（一）苏打盐碱胁迫对甜高粱幼苗生长发育的影响

苏打盐碱胁迫延缓了甜高粱幼苗的发育进程，加速叶片变黄枯萎，结果如图 4-1 所示。胁迫 3 周后，两个品种的对照组长出 6 片叶（5 叶 1 心），而胁迫组只长出 5 片叶（4 叶 1 心），生长发育滞后。品种 314B 胁迫组植株下数第 1 叶和 2 叶全叶变黄，第 3 叶叶尖变黄；而其对照组只第 1 叶变黄，第 2 叶叶尖变黄。品种 M-81E 植株仅第 1 和第 2 叶片叶尖变黄，其对照叶片无变黄现象。盐碱胁迫抑制了甜高粱幼苗的生长，两个品种的株高和茎基周长如图 4-2 所示，胁迫处理的株高和茎基周长均比对照极显著减小（$P<0.01$），品种 314B 的株高和茎基周长分别下降了 23.8%和 16.0%，品种 M-81E 则分别下降了 20.8%和 17.6%。

图 4-1 苏打盐碱胁迫对甜高粱幼苗生长发育的影响（彩图请扫封底二维码）
Fig. 4-1 Effects of saline-alkali stress on the growth and development of sweet sorghum seedlings

（二）苏打盐碱胁迫对甜高粱幼苗叶片解剖结构的影响

甜高粱叶片横切图如图 4-3 所示，叶为等面叶，没有栅栏组织和海绵组织的

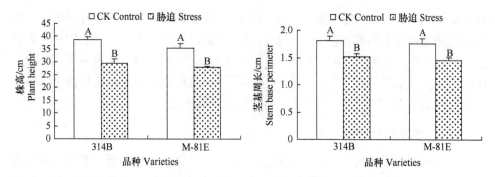

图 4-2　苏打盐碱胁迫对甜高粱幼苗株高及茎基周长的影响

Fig. 4-2　Effects of saline-alkali stress on the plant height and stem base perimeter of sweet sorghum seedlings

图中标以不同大写字母表示在 0.01 水平的差异显著性

Different capital letters marked in the figure mean significance at 0.01 level

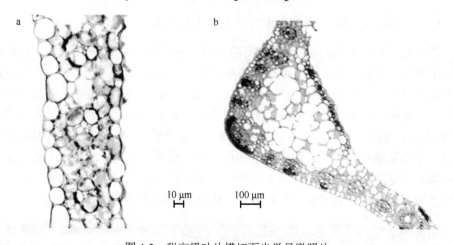

图 4-3　甜高粱叶片横切面光学显微照片

Fig. 4-3　Light micrographs of cross-sections of sweet sorghum leaves

a. 叶片横切图（目镜×4，物镜×40）；b. 叶脉横切图（目镜×4，物镜×10）

a. Blade crosscut figure（Ocular×4，Objective lens×40）；b. Veins crosscut figure（Ocular×4，Objective lens×10）

分化；中间有由维管束和叶肉细胞组成的花环式结构；上表皮有特化的泡状细胞，存在于两个相邻叶脉之间，其两侧的表皮细胞逐渐变小，在横剖面上形成展开的折扇状。叶脉较发达，含有发达的输导组织。

　　苏打盐碱胁迫对甜高粱叶片解剖结构的影响见表 4-1，盐碱胁迫后，甜高粱两个品种 314B 和 M-81E 的叶片厚度、中脉厚度和最大导管直径都极显著变小（$P<0.01$），其中品种 314B 的中脉厚度在胁迫后比对照要降低 21.9%，而品种 M-81E 仅降低 8.6%。盐碱胁迫对甜高粱幼苗叶片的上下表皮厚度和上下角质层厚度也是有较大影响。胁迫使甜高粱叶片上下角质层的厚度均极显著增加（$P<0.01$），下表皮厚度增大，但品种 314B 的胁迫处理比对照变化达到极显著（$P<0.01$），而品种

表 4-1　苏打盐碱胁迫对甜高粱叶片解剖结构的影响

Tab. 4-1　Effects of saline-alkali stress on anatomical structure of sweet sorghum leaves

品种 Varieties	处理 Treatment	叶片厚度/μm Leaf thickness	中脉厚度/μm Midrib thickness	最大导管直径/μm Bigger vessels diameter
314B	CK Control	113.9±3.2 A	719.8±4.6 A	52.0±0.9 A
	胁迫 Stress	106.3±1.1 B	562.2±8.9 B	44.7±1.4 B
M-81E	CK Control	117.5±2.1 A	604.6±4.6 A	44.5±1.6 A
	胁迫 Stress	112.8±1.4 B	552.7±6.0 B	37.9±1.3 B

品种 Varieties	处理 Treatment	上表皮厚度/μm Upper epidermis thickness	下表皮厚度/μm Lower epidermis thickness	上角质层厚度/μm Upper stratum corneum thickness	下角质层厚度/μm Lower stratum corneum thickness
314B	CK Control	26.8±4.2 A	23.7±2.5 B	2.49±0.22 B	2.01±0.22 B
	胁迫 Stress	25.9±3.4 A	25.9±2.8 A	3.17±0.31 A	2.60±0.20 A
M-81E	CK Control	27.9±2.4 A	25.2±2.7 b	3.04±0.11 B	2.94±0.21 B
	胁迫 Stress	28.0±2.2 A	26.5±2.6 a	3.48±0.18 A	3.25±0.15 A

注：同一列中标以不同大小写字母分别表示在 0.01 和 0.05 水平的差异显著性

Note: Different capital letters marked in the table mean significance at 0.01 or 0.05 level

M-81E 的为显著（$P<0.05$）。盐碱胁迫对甜高粱叶片上表皮厚度（未计算泡状细胞厚度)影响在两个品种间存在差异，品种 314B 的厚度变小但不显著，而品种 M-81E 基本不变。

四、讨论

（一）苏打盐碱胁迫下甜高粱幼苗生长发育的变化

盐碱胁迫对植物个体发育的影响非常显著，主要体现在抑制植物组织和器官的生长和分化，提前植物的发育进程（张景云和吴凤芝，2007）。一些研究表明，盐胁迫可缩短植物的发育进程，如许祥明等（2000）发现，盐胁迫使禾本科植物叶面积缩小、分蘖数和籽粒数减少，并使营养生长期和开花期缩短。也有研究显示，盐胁迫可推迟植物的发育，如 NaCl 可延迟水稻和桃树开花（杨微，2007），盐胁迫可使小麦的分蘖发育被延迟 4 d（Maas and Grieve，1990），高盐浓度可使海滨锦葵营养生长期和生殖生长期都推迟（周桂生等，2009）。本研究中，苏打盐碱胁迫影响了甜高粱幼苗的生长发育，使叶片发育滞后，在相同的生长时间内，叶片数变少。这与 Grieve 等（1993）的研究结果一致，他们发现盐胁迫降低了小麦叶原基的发生率，使叶片数减少。同时盐碱胁迫还使植株基部叶片及叶尖变黄。叶片是进行光合作用的主要器官，盐碱胁迫造成的叶片光合面积减小最终会导致产量降低。许多研究也表明盐碱胁迫对植物的正常生长产生了抑制（盛彦敏等，1999；苗海霞等，2005；秦景等，2009）。本研究中，苏打盐碱胁迫也显著降低了甜高粱幼苗的株高和茎基周长（$P<0.01$）。

（二）苏打盐碱胁迫下甜高粱幼苗叶片结构的变化

生长在不同生境中的植物表现出结构的差异，这通常被认为是对特定生境的进化适应。植物器官的形态结构是与其生理功能和生长环境密切相适应的，叶在形态结构上的变异性和可塑性最大，即叶对生态条件的反应最为明显（王怡，2003）。本研究中，苏打盐碱胁迫使甜高粱叶片厚度、中脉厚度和最大导管直径都极显著变小（$P<0.01$）。中脉在叶片中起着支持和输导作用，中脉及最大导管直径均直接决定水分的输导效率。可见，盐碱胁迫抑制了甜高粱根系对水分的吸收。同时，盐碱胁迫使甜高粱叶片上下角质层的厚度均极显著增加，下表皮厚度也增大，不同品种间存在差异。盐碱胁迫会使植物水分代谢受到直接的影响，而较大的表皮细胞具有贮水作用，对于增强水分的调节能力有一定意义；角质层能够防止植物体内水分的过分蒸腾，保持水分，还具有机械支撑作用，使植株在水分供应不足时，不会立即萎蔫（迟丽华和宋凤斌，2006）。因而表皮和角质层增厚是甜高粱对苏打盐碱胁迫的适应。

第二节　苏打盐碱胁迫下甜高粱幼苗叶片的超微结构

一、引言

植物叶肉细胞的内部结构与其耐盐性密切相关，其超微结构的特点决定植物光合能力的大小，其中叶绿体和线粒体是植物物质合成和能量流动最为重要的细胞器，也是对环境反应最敏感的细胞器（Endress and Sjolund，1976）。叶绿体和线粒体的形态结构、大小、数目和分布常因植物所处的环境条件不同而发生相应的变化（翟中和等，2000），尤其在逆境胁迫下其结构和生理功能的变化更为显著（Vani et al.，2001），一定程度上可作为反映植物对逆境条件耐受性的依据（郑敏娜等，2009）。研究盐渍条件下植物细胞的超微结构变化，有利于从机制上阐述植物的耐盐特征。目前对盐碱胁迫下甜高粱叶片超微结构的研究还未见报道。因此，本研究在甜高粱幼苗期进行苏打盐碱胁迫处理，比较2个品种叶片结构及叶肉细胞中叶绿体和线粒体等细胞器超微结构变化的规律，进一步揭示不同耐盐碱性甜高粱品种在形态结构上的特性，以期从叶片结构和细胞器超微结构方面充实甜高粱对苏打盐碱胁迫的适应机制，并为耐盐碱甜高粱品种的选育提供理论参考（戴凌燕等，2012b）。

二、材料与方法

（一）供试材料

选取苗期筛选出耐性强的品种 M-81E 和耐性弱的品种 314B 为试验材料。

（二）试验设计

挑取饱满甜高粱种子经 5%的次氯酸钠消毒 10 min，蒸馏水冲洗干净后，水中浸泡 12 h 后置放在滤纸上发芽，发芽后播于盛有 5 kg 石英砂的花盆中，每 3 d 用蒸馏水透灌，待幼苗长至 2 叶时（6 d 后），每盆留 20 株生长相对一致的幼苗进行盐碱胁迫处理。

用 Hoagland 营养液将碱性盐 $NaHCO_3$ 和 Na_2CO_3 按摩尔比 5：1 配制成盐浓度为 50 mmol/L 溶液作为苏打盐碱胁迫液（pH 9.27，盐度 2.79%）。待甜高粱幼苗长至 2 叶时，对照组（CK）用 Hoagland 营养液（pH 6.69，盐度 0.38%）透灌，处理组用胁迫液透灌。以后每 3 d 透灌一次，植株在自然条件下培养，遮雨防水。每组设 3 个重复，处理 3 周后取样测定其各项指标。

（三）指标测定

1. 叶片叶绿体和线粒体超微结构的观察及测定

在完全伸展第 4 叶片中部避开主脉的两侧取样，取样面积 2 mm×3 mm，立即放入戊二醛固定液（pH 6.7，2.5%）中，用真空泵抽气至叶片下沉，固定 24 h 后用磷酸缓冲液（0.1 mol/L）冲洗 3 次，在 0～4℃下用锇酸（pH 7.2，1%）固定 4 h，磷酸缓冲液冲洗 3 次，乙醇梯度脱水，Epon-812 环氧树脂包埋聚合，LKBV 型超薄切片机切片，乙酸双氧铀和柠檬酸铅双重染色，日立公司 H-7650 型透射电镜观察、拍照和测量（白志英等，2009）。观测维管束鞘细胞和叶肉细胞中的叶绿体结构、数量、大小（以长×宽表示）和叶绿体中淀粉粒数及嗜锇颗粒数。每个处理观测 20 个视野，取均值。

2. 生理指标测定

盐碱胁迫 3 周后，各处理随机选取 20 株的绿色叶片混合，随机称取混合样 3 份进行生理指标测定。细胞膜相对透性测定采用电导率法，细胞膜相对透性（%）= 外渗液电导率/煮沸电导率×100；脯氨酸含量测定采用酸性茚三酮比色法，在 520 nm 波长下测定吸光度值；MDA 含量测定采用硫代巴比妥酸比色法，在 532 nm、600 nm 和 450 nm 波长处测定吸光度值。

（四）数据统计分析

所得数据均用 SPSS 16.0 和 EXCEL 2007 软件进行统计分析，采用单因素方差分析（ANOVA）和新复极差法（Duncan）比较同一品种不同处理间的差异显著性，$P<0.05$ 时有统计学意义，数值为平均值±标准差。

三、结果与分析

（一）苏打盐碱胁迫对甜高粱幼苗叶片叶绿体和线粒体超微结构的影响

苏打盐碱胁迫下，甜高粱叶片叶绿体结构特征值见表 4-2，可见，苏打盐碱胁迫下甜高粱叶片细胞中叶绿体数略有增加，但不显著（$P>0.05$）。而叶绿体的长度均增加，且品种 314B 达到极显著（$P<0.01$）；叶绿体的宽度差异不显著（$P>0.05$）。与对照相比，盐碱胁迫下两个甜高粱品种叶绿体中的淀粉粒数和嗜锇颗粒数都极显著增加（$P<0.01$），品种 314B 这两个指标分别比对照高出 18.7%和 159.4%，品种 M-81E 则分别高出 17.8%和 95.0%。

表 4-2　苏打盐碱胁迫对甜高粱幼苗叶片叶绿体超微结构的影响

Tab. 4-2　Effects of saline-alkali stress on chloroplast ultrastructure in leaves of sweet sorghum seedlings

品种 Varieties	处理 Treatment	叶绿体数/细胞 Chloroplast number/cell	叶绿体大小（长×宽）（μm×μm） Chloroplast size（length×width）	淀粉粒数/叶绿体 Starch grain number /Chloroplast	嗜锇颗粒数/叶绿体 Osmophilic globule number/Chloroplast
314B	CK Control	4.68±0.75 A	（5.93±0.46）×（2.27±0.28）B	4.81±0.75 B	3.50±0.86 B
	胁迫 Stress	5.20±1.14 A	（6.71±0.71）×（2.17±0.17）A	5.71±0.86 A	9.08±3.00 A
M-81E	CK Control	4.13±0.83 A	（6.44±0.87）×（2.12±0.21）A	4.73±0.59 A	3.37±1.50 A
	胁迫 Stress	4.20±0.79 A	（6.74±0.87）×（2.24±0.21）A	5.57±1.04 A	6.57±2.31 A

注：表中标以不同大写字母表示在 0.01 水平的差异显著性

Note: Different capital letters marked in the table mean significance at 0.01 level

透射电镜中观察甜高粱幼苗叶片叶绿体和线粒体的超微结构，如图 4-4 所示。甜高粱是 C_4 植物，其维管束鞘细胞叶绿体大且无基粒或基粒发育不良（图 4-4，1～2），叶绿体中基质类囊体沿叶绿体长轴方向排列，淀粉粒在基质类囊体间隙中沿叶绿体长轴方向分布。未盐碱胁迫的叶肉细胞中叶绿体发育正常，基粒较多，基质片层和基粒片层结构完整，排列整齐有序，基质浓厚均匀（图 4-4，3）；而盐碱胁迫后，维管束鞘细胞和叶肉细胞的叶绿体膨胀，类囊体膜被破坏，基粒片层松散肿胀，且形成较多嗜锇颗粒（图 4-4，5～6），有些基粒片层还发生扭曲变形（图 4-4，4）。盐碱胁迫后，线粒体膜断裂、消解，多数线粒体内膜上嵴数量减少，甚至消失，结构紊乱（图 4-4，7～8）；品种 314B 细胞中出现较多线粒体（图 4-4，9，箭头所示位置）。胁迫使叶绿体被膜和基质分离，出现类似质壁分离现象（图 4-4 中黑线标志），且被膜多处断裂、消解（图 4-4 中箭头所示）。在 314B 品种的图中，都可看到叶绿体被膜和基质分离的现象（图 4-4，1、7、8、10 和 11）。品种 M-81E 被膜和基质分离现象不太明显，被膜消解也较品种 314B 要轻微（图 4-4，12）。

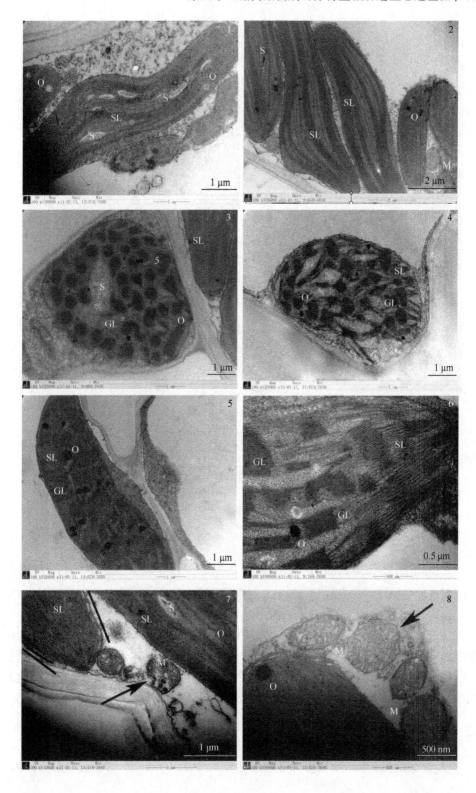

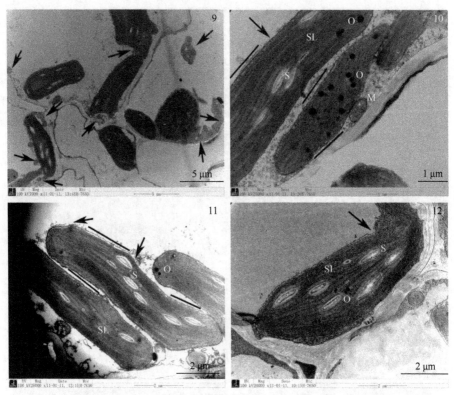

图 4-4　苏打盐碱胁迫对甜高粱幼苗叶片超微结构的影响

Fig. 4-4　Effects of saline-alkali stress on leaf ultrastructure of sweet sorghum seedlings

1~2. 维管束鞘细胞叶绿体；3~6. 叶肉细胞叶绿体；7~9. 线粒体；10~12. 叶绿体被膜

1，7~11. 品种 314B；2~6，12. 品种 M-81E

S. 淀粉粒；O. 嗜锇颗粒；SL. 基质片层；GL. 基粒质层；M. 线粒体

1~2. Chloroplast in vascular bundle sheath cells；3~6. Chloroplast in mesophyll cells；7~9. Mitochondria；

10~12. Chloroplasts envelope

1，7~11. 314B；2~6，12. M-81E

S. Starch grains；O. Osmiophilic droplet；SL. Stroma lamella；GL. Grana lamella；M：Mitochondria

（二）苏打盐碱胁迫对甜高粱幼苗叶片细胞膜相对透性及 MDA 含量的影响

苏打盐碱胁迫对甜高粱幼苗叶片细胞膜相对透性及 MDA 含量的影响如图4-5 所示，盐碱胁迫使两个甜高粱品种叶片细胞膜相对透性都升高，但品种 314B 差异达到极显著（$P<0.01$），而品种 M-81E 虽增加但不显著（$P>0.05$）。品种 314B 和 M-81E 细胞膜相对透性分别比对照增加了 37.6% 和 6.5%，可见品种 314B 叶片细胞膜受盐碱胁迫伤害较严重。胁迫后，品种 314B 的 MDA 含量极显著增加（$P<0.01$），比对照增加了 26.9%；品种 M-81E 的胁迫组与对照组 MDA 含量无显著差别（$P>0.05$）。

四、讨论

胁迫会使叶绿体和线粒体的超微结构发生变化（王波等，2005；姚允聪等，

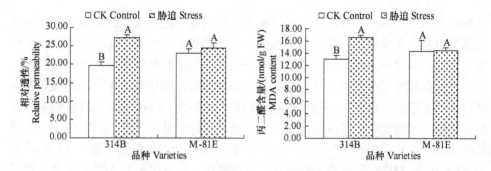

图 4-5　苏打盐碱胁迫对甜高粱幼苗叶片细胞膜透性及 MDA 含量的影响

Fig. 4-5　Effects of saline-alkali stress on relative permeability and MDA content in leaves of sweet sorghum seedlings

图中标以不同大写字母表示在 0.01 水平的差异显著性

Different capital letters marked in the figure mean significance at 0.01 level

2007；睢晓蕾等，2009）。其中对叶绿体的伤害是最明显的，简令成和王红（2009）却认为，盐胁迫下叶绿体超微结构的变化，虽然是一种胁迫伤害，但也可能是对逆境适应的一种机制。因为叶绿体结构被破坏，降低了其吸收光能的利用率，可以防止和减轻光氧化，有利于减少和消除光抑制。本研究中，苏打盐碱胁迫使叶绿体膨胀，被膜和基质分离，类囊体膜被破坏，基粒片层松散肿胀，有些基粒片层还发生扭曲变形，淀粉粒积累，且形成较多的嗜锇颗粒。嗜锇颗粒是类囊体降解产物脂质聚集的结果，其变化可以作为衡量叶细胞受伤害程度的指标（陈燕等，2003）。叶绿体中光合膜的损伤与活性氧的增加有关，胁迫下，植物细胞中活性氧的产生和清除两个过程平衡状态被打破，引起活性氧过剩，加剧膜脂中不饱和脂肪酸的过氧化作用（Tanaka et al.，1982）。盐碱胁迫使淀粉粒数量显著增加，分析可能有两方面原因：一是胁迫使光合产物不能及时运走而在叶绿体中累积，产生对光合速率的反馈抑制（Chaterton et al.，1972），同时较多淀粉粒会对光合系统造成压迫而影响光合速率；二是淀粉粒增加可使类囊体附近保持很高的糖浓度，以避免类囊体解离而维持正常的光合磷酸化（何若韫，1995）。在盐碱胁迫下，线粒体的数量增加，且分布在叶绿体附近，外膜断裂、消解，多数线粒体内膜上嵴数量减少，甚至消失，结构紊乱。这种线粒体数量的增加被认为可能是对内嵴减少和功能降低的一种补偿（范华等，2011），也可能是为植物提供在逆境中需要的更多能量，因而线粒体数量增加是对逆境的适应。而线粒体与叶绿体分布上靠近可能更有利于两者在代谢物质（CO_2、H_2O 和 O_2）上的相互利用（郑文菊等，1999；刘吉祥等，2004）。叶绿体和线粒体分别是光合作用和呼吸作用的主要场所，苏打盐碱胁迫破坏了叶绿体和线粒体的结构，因此会进一步影响植物体内物质和能量代谢。

　　甜高粱是耐盐碱作物，但不同品种的耐性存在差异（吕金印和郭涛，2010；王秀玲等，2010）。本研究中供试的两个甜高粱品种 314B 和 M-81E 对苏打盐碱胁迫耐性存在显著差异。与各自品种的对照相比，品种 314B 在盐碱胁迫后叶片变黄面积大，中脉厚度、株高和茎基周长下降的程度均比 M-81E 大。品种 314B 叶绿体的超微结构受损伤较严重，嗜锇颗粒出现数量多，尤其是叶绿体被膜和基质发生的类似质壁分离现象更明显；而且在较多观测视野的细胞中出现大量的线粒体，可能此品种需要消耗较多能量去抵抗盐碱胁迫，而用于植株建成的能量就会减少，因而会影响自身生物量增加。前面试验中发现 314B 会消耗较多能量形成超量的渗透调节物质去缓解胁迫造成的伤害，两处结果相吻合。品种 M-81E 在盐碱胁迫后，细胞膜相对透性只比对照增加了 6.5%，而 314B 则增加了 37.6%。品种 M-81E 的 MDA 含量胁迫前后几乎没有变化，但 314B 的 MDA 含量增加了 26.9%。总体来说，M-81E 受损伤程度小，对苏打盐碱胁迫适应性强；而 314B 受损伤程度大，对苏打盐碱胁迫适应能力弱。

第五章 甜高粱苗期对苏打盐碱胁迫分子水平的适应性

第一节 苏打盐碱胁迫下甜高粱抑制消减文库的构建与差异表达基因分析

一、引言

　　植物的耐盐性状是非常复杂的，由多基因控制，涉及从信号转导基因到转录调控基因，以及保护、防御、胁迫耐受基因的表达等。一直以来，人们对植物耐盐性的了解主要来自于生理学的研究成果。随着分子生物学领域的快速发展，人们开始从分子水平去探讨植物的耐盐性。但由于植物对盐胁迫的反应是多基因参与的调控过程，因此要想从根本上阐明植物耐盐碱胁迫的机制，就需要在全基因组水平上对其进行整合研究。而基因的时空差异表达是机体发育、分化、衰老和抗逆等生命现象的分子基础，通过分析差异表达基因并鉴定基因功能是研究功能基因组学的一类重要方法。在众多的研究方法中，抑制消减杂交技术（suppression subtractive hybridization，SSH）因其具有假阳性率、灵敏度高、效率较高、简便易行等优点而备受青睐。

　　SSH 技术是 1996 年由 Diatchenko 等以 mRNA 差异显示技术为基础建立起来的筛选未知差异表达基因的新技术。采用该技术在较短时间内即可获得差异表达基因的 cDNA 片段，可富集稀有基因序列 1000 倍以上，一些低丰度表达的 mRNA 有望被检出。可以方便地分离植物发育过程中特定发育阶段和特定组织器官差异表达的基因，为揭示植物生长发育过程中的分子机制奠定基础；也可以分离各种非生物胁迫条件下诱导表达的抗性相关基因，从而揭示植物的抗逆机制。目前应用 SSH 技术建立抑制消减文库，已经获得了大量与非生物胁迫相关的差异表达基因，如与铝离子胁迫（夏卓盛等，2007）、渗透胁迫（郭新红等，2001）、热胁迫（Zhang et al.，2005b）、干旱胁迫（李会勇等，2007）、水分胁迫（王转等，2003）、激素刺激（曾日中等，2003）等胁迫条件相关的基因，这些结果大大丰富了抗性基因资源。

　　目前对甜高粱抗盐碱胁迫机制的认识多集中在生理生化反应方面，而对于其抗盐碱的分子机制还未见报道。因此，本研究通过 SSH 技术构建甜高粱苏打盐碱胁迫后差异基因表达文库，利用生物信息学方法分析获得 EST 序列，旨在为阐述甜高粱对苏打盐碱胁迫的适应机制提供分子理论基础，同时为甜高粱及禾本科植物耐盐碱的相关基因克隆或抗盐碱基因工程育种提供理论依据和基因资源（Dai et al.，2016）。

二、材料与方法

（一）供试材料

选取苗期筛选出耐性强的品种 M-81E 为试验材料。

（二）试验方法

1. 材料培养

挑取饱满甜高粱种子经 0.1% HgCl$_2$ 消毒 5 min，蒸馏水冲洗干净后，水中浸泡 12 h，置放在滤纸上发芽，发芽后播于高 22 cm、直径 20.5 cm 为塑料花盆中，每个花盆内装有洁净石英砂 7.5 kg。每盆固定 30 株苗，每个处理 6 盆。幼苗在室外自然光条件下生长，保护其不接收雨水，每 2 d 使用自来水配制的 Hoagland 营养液透灌。

以自来水配制的 Hoagland 营养液为溶剂，将碱性盐 NaHCO$_3$ 和 Na$_2$CO$_3$ 按摩尔比 5∶1 配制成盐浓度为 100 mmol/L（pH 9.33，盐度 5.92%）碱溶液作为盐碱胁迫液。待甜高粱幼苗长至 3 叶 1 心时，对照组（CK）仍用 Hoagland 营养液（pH 6.80，盐度 0.40%）培养，而处理组用胁迫液培养，2 d 后再透灌一次，胁迫处理时避免将胁迫液淋到叶片上。

2. 总 RNA 提取

从胁迫开始，分别在 0 h、4 h、12 h、24 h、36 h、48 h、72 h 取甜高粱对照及胁迫组的叶片迅速置于液氮中冷冻后保存于–70℃备用。RNA 提取使用 Invitrogen 公司生产的 Trizol 试剂盒，提取过程按照说明书进行，略作修改。

（1）取适量甜高粱叶片在液氮中快速研磨成粉末，取约 0.1 g 样品放入离心管中；加入 1 mL Trizol 试剂，充分混匀，室温放置 10 min 后于 4℃、12 000 r/min 离心 10 min。

（2）上清液转入新离心管，加入 200 μL 氯仿振荡 15 s 混匀，室温放置 5 min 后于 4℃、12 000 r/min 离心 15 min。

（3）小心吸取上层液相至另一离心管中，加预冷的异丙醇 0.5 mL，混匀后室温放置 10 min 后于 4℃、12 000 r/min 离心 10 min。

（4）弃上清，加 1 mL 75%乙醇洗涤沉淀，温和振荡离心管后于 4℃、7500 r/min 离心 5 min。

（5）弃上清，重复步骤（4）。

（6）室温干燥 RNA 沉淀至半透明状，用 20 μL DEPC 水溶解沉淀，可在 65℃ 促溶 RNA 样品 10 min。

（7）使用 RNA 非变性凝胶电泳，检测 RNA 的完整性。用 GeneQuant pro 基因定量仪（Amersham）测定 RNA 的 $OD_{260/280}$ 和浓度（μg/μL），根据数值分析 RNA 的纯度。

注：提取 RNA 所用的玻璃器具全部用 0.1% DEPC 水室温下浸泡过夜（>12 h），然后高温湿热灭菌处理；而瓷器及金属用具则在 180℃ 下干热灭菌 6 h 以上；所有提取过程均在 0~4℃ 下进行。

3. 分离纯化 mRNA

使用磁吸附法分离纯化 mRNA，按照 Poly(A) Tract mRNA Isolation Systems 试剂盒（Promega 公司）的方法略作修改后从总 RNA 中分离提纯 mRNA。

（1）将 1.0 mg 总 RNA 用无 RNA 酶的水调整到总体积 500 μL，65℃ 孵育 10 min。

（2）加入 3 μL 生物素标记的 Oligo(dT)探针和 13 μL 20×SSC，轻弹混匀，室温放置 10 min。

（3）将盛有 SA-PMPS 粒子的离心管轻轻混匀后放于磁力架上静止吸附（30 s），使所有的 SA-PMPS 粒子都被吸附到离心管的一侧，吸出上清液。

（4）再用 0.5×SSC 清洗粒子 3 次，每次洗后都用磁力架吸附 SA-PMPS（30 s），小心去除上清。

（5）最后用 0.1 mL 0.5×SSC 重新悬浮洗后的 SA-PMPS 粒子。

（6）向盛有 SA-PMPS 粒子的管中加入结合有 Oligo(dT)的 RNA 溶液，混匀，室温下放置 10 min。

（7）置于磁力架上，SA-PMPS 粒子被吸附到离心管的一侧后，小心去除上清。

（8）用 0.3 mL 0.2×SSC 清洗 4 次，最后一次要尽量去除残余的上清。

（9）用 100 μL 无 RNA 酶的水重悬 SA-PMPS 粒子，轻弹混匀后用磁力架吸附粒子，取上清（mRNA）于一新的离心管中。

（10）再加入 150 μL 无 RNA 酶的水于 SA-PMPS 粒子中，充分悬浮后，取上清与前面的合并。

（11）为浓缩 mRNA，在 250 μL mRNA 中加入 1 倍体积的异丙醇和 0.1 倍体积的 NaAc，立即混匀于–20℃ 过夜。于 4℃、12 000 r/min 离心 10 min，弃上清。

（12）用 75%乙醇清洗所得沉淀，再次离心后弃上清，干燥后，加 10 μL 无 RNA 酶的 DEPC 水于–70℃ 保存备用。

4. 抑制消减杂交（SSH）

依照 CLONTECH 公司的消减杂交试剂盒 PCR Select™ cDNA Subtraction Kit

的说明书略作修改进行。将对照及胁迫组各时间段内的 RNA 取相同量混成基因池,以苏打盐碱胁迫的甜高粱 mRNA 作为 Tester,以未胁迫的甜高粱 mRNA 作为 Driver。

(1)cDNA 第一链合成

1)分别取 4 μL Tester 和 Driver 的 mRNA,1 μL cDNA 合成引物,在两个 0.5 mL 离心管中充分混匀,置于 PCR 仪内,70℃温育 2 min 后迅速取出,置于冰上冷却 2 min,短暂离心。

2)向两个反应管中分别加入下列组分:

5×First-Strand Buffer	2 μL
dNTP Mix(10 mmol/L each)	1 μL
Sterile H$_2$O	1 μL
AMV Reverse Transcriptase(20 U/μL)	1 μL
总体积	5 μL

3)轻轻混匀后短暂离心,将离心管置于 PCR 仪内 42℃保温 90 min。

4)取出离心管,置于冰上终止 cDNA 第一链合成,并立即进行第二链合成。

(2)cDNA 第二链合成

1)向两个 cDNA 第一链合成反应管中分别加入以下预冷成分:

5×Second-Strand Buffer	16.0 μL
dNTP Mix(10 mmol/L each)	1.6 μL
Sterile H$_2$O	48.4 μL
20×Second-Strand Enzyme Cocktail	4.0 μL
总体积	70 μL

2)迅速混匀反应物短暂离心后置于 16℃水浴温育 2 h。

3)向两个反应管中各加入 2 μL T4 DNA 聚合酶,充分混匀后,16℃水浴继续温育 30 min。

4)加入 4 μL 20×EDTA/Glycogen 混合物,以终止 cDNA 第二链的合成反应。

5)分别加入 100 μL 酚:氯仿:异戊醇(25:24:1)溶液,充分混匀后室温下 14 000 r/min 离心 10 min。

6)吸取两管中的上层水相转移至新的离心管中,加入 100 μL 氯仿:异戊醇(24:1)混合液,振荡混匀,室温下 14 000 r/min 离心 10 min。

7)再吸取上层水相转移至新的离心管中,加入 300 μL 95%乙醇和 40 μL 4 mol/L 乙酸铵,充分混匀后,室温下 14 000 r/min 离心 20 min。

8)去除上清,向管中加入 500 μL 80%乙醇,室温下 14 000 r/min 离心 10 min。

9)去除上清,吹干,用 50 μL DEPC 水溶解沉淀后于−20℃保存。

（3）双链 cDNA *Rsa* I 酶切

1）在两个 0.5 mL 离心管中分别加入下列组分：

ds cDNA	43.5 μL
10×*Rsa* I Restriction Buffer	5.0 μL
Rsa I（10 U/μL）	1.5 μL

2）充分混匀，37℃ 水浴 2 h。

3）向两管中分别加入 2.5 μL 20×EDTA/Glycogen 混合物终止反应。

4）向两管中依次加入 50 μL 酚：氯仿：异戊醇（25：24：1）和 50 μL 氯仿：异戊醇（24：1）混合液各抽提一次，纯化酶切的 cDNA 片段。

5）分别将上清转移至新的 0.5 mL 离心管中，加入 187.5 μL 95%乙醇和 25 μL 4 mol/L 乙酸铵，充分混匀，室温下 14 000 r/min 离心 20 min。

6）加入 80%乙醇 200 μL，室温下 14 000 r/min 离心 5 min。

7）去除上清，吹干沉淀后，用 5.5 μL 无菌水溶解，−20℃保存。

（4）连接接头

1）用 5 μL 无菌水稀释 1 μL *Rsa* I 酶切纯化后的 Tester cDNA。

2）向两个离心管中分别加入下列组分：

成分	管 1	管 2
Diluted Tester cDNA	2 μL	2 μL
Adaptor 1（10 mmol/L）	2 μL	—
Adaptor 2（10 mmol/L）	—	2 μL
Sterile H$_2$O	3 μL	3 μL
5×Ligation Buffer	2 μL	2 μL
T4 DNA 连接酶（400 U/μL）	1 μL	1 μL
总体积	10 μL	10 μL

3）将混合物短暂离心，16℃水浴过夜。

4）向反应液中加入 1 μL 20×EDTA/Glycogen 混合物终止连接反应。

5）两管 72℃高温 5 min 使酶失活，−20℃保存样品。

（5）第一次消减杂交

1）向两个 0.5 mL 离心管中分别加入下列组分：

成分	杂交样品 1	杂交样品 2
Rsa I 消化的对照（Driver）cDNA	1.5 μL	1.5 μL
连有接头 1 的 cDNA	1.5 μL	—
连有接头 2R 的 cDNA	—	1.5 μL
4×杂交 Buffer	1.0 μL	4.0 μL
总体积	4 μL	10 μL

2）PCR 仪上 98℃变性 1.5 min 后 68℃杂交 8 h，立即进行第二次杂交。

（6）第二次消减杂交

1）向一个离心管中加入下列组分：

Driver cDNA	1 μL
4×Hybridization Buffer	1 μL
Sterile H$_2$O	2 μL

2）取 1 μL 上述混合物于 0.5 mL 离心管中，PCR 仪上 98℃变性 1.5 min。

3）为保证两个杂交品与新变性的 Driver 同时混合，先将杂交样品 1 吸入移液品 tip 头内，然后吸入少量空气使样品 1 和 Driver 隔绝，然后再吸入 Driver 到 tip 头，同时将样品 1 和 Driver 样品打入样品 2 管内，充分混合，68℃保温过夜。

4）向杂交体系中加入 200 μL 稀释缓冲液，轻轻混匀后 68℃加热 7 min，–20℃保存备用。

（7）第一次 PCR

以稀释的二次杂交产物为模板进行 PCR，反应体系为 25 μL，体系如下：

Sterile H$_2$O	17.8 μL
10×PCR Buffer	2.5 μL
dNTP（10 mmol/L each）	0.2 μL
Mg^{2+}（25 mmol/L）	2.0 μL
PCR Primer 1（10 mmol/L）	1.0 μL
二次杂交产物（模板）	1.0 μL
Taqase（5 U/μL）	0.5 μL
总体积	25 μL

PCR 反应扩增程序如下：

Step 1	94℃	5 min
Step 2	94℃	30 s
Step 3	62℃	30 s
Step 4	72℃	1.5 min
Step 2～Step 4	30 个循环	
Step 5	72℃	10 min

（8）第二次 PCR

取 1 μL 第一次 PCR 产物稀释 10 倍，作为第二次 PCR 的模板，反应体系为 25 μL：

Sterile H$_2$O	16.8 μL
10×PCR Buffer	2.5 μL
Mg^{2+}（25 mmol/L）	2.0 μL
dNTP（25 mmol/L）	0.2 μL
Nested PCR Primer 1（10 mmol/L）	1.0 μL
Nested PCR Primer 2R（10 mmol/L）	1.0 μL
稀释后的第一次 PCR 产物（模板）	1.0 μL
Taqase（5 U/μL）	0.5 μL
总体积	25 μL

PCR 反应扩增程序同第一次 PCR，共 20 个循环。

（9）PCR 产物电泳检测

从第一次和第二次 PCR 产物中各吸取 8 μL 于 2%的琼脂糖凝胶（1×TAE 电泳缓冲液）上进行电泳，观察扩增产物的大小分布。

（10）PCR 产物纯化

第二次 PCR 产物用 DNA 纯化回收试剂盒进行纯化，具体步骤参考说明书如下：

1）向吸附柱 CB2 中（吸附柱放入收集管中）加入 500 μL 的平衡液 BL，12 000 r/min 离心 1 min，倒掉收集管中的废液，将吸附柱重新放回收集管中。

2）根据 PCR 反应液的体积，向其中加入等体积溶液 PC，充分混匀。

3）将上一步所得溶液加入一个平衡后的吸附柱 CB2 中（吸附柱放入收集管中），室温放置 2 min，12 000 r/min 离心 1 min，倒掉收集管中废液，将吸附柱放入收集管中。

4）向吸附柱 CB2 中加入 700 μL 漂洗液 PW，12 000 r/min 离心 1 min，倒掉收集管中废液，将吸附柱 CB2 放入收集管中。

5）向吸附柱 CB2 中加入 500 μL 漂洗液 PW，12 000 r/min 离心 1 min，倒掉收集管中废液。

6）将吸附柱 CB2 放回收集管中，12 000 r/min 离心 2 min，尽量除去漂洗液，将吸附柱 CB2 开盖置于室温放置数分钟，晾干。

7）将吸附柱 CB2 放入一个干净的离心管中，向吸附柱膜中间位置悬空滴加适量的洗脱缓冲液 EB，室温放置 2 min 后 12 000 r/min 离心 2 min，收集 DNA 溶液。

5. 抑制消减 cDNA 文库的构建

（1）PCR 产物连接载体

连接反应体系如下：反应体系在恒温水浴中 16℃下连接过夜（16～24 h），连接完毕后，于–20℃保存。

PMD18-T Vector	1 μL
PCR products	6 μL
Solution I	5 μL
总体积	12 μL

（2）钙转化

1）取 5 μL 连接产物，加入 200 μL 感受态细胞，混匀，冰上放置 30 min。

2）将离心管放入 42℃ 的水浴中，热激 90 s，不要摇动。

3）快速将离心管转移到冰浴中，静置 2～3 min，使细胞冷却。

4）每管加 800 μL LB 培养基，转移到 100 r/min，37℃ 摇床摇动复苏 1 h。

5）在 LA 琼脂培养板（含 Amp）上均匀涂布 40 μL 100 mmol/L 的 IPTG 和 80 μL 50 mg/mL 的 X-Gal，然后将 100 μL 已转化的感受态细胞均匀涂布于上面平板上，倒置培养皿于 37℃ 恒温培养箱中培养 12～16 h，观察菌落生长情况。

（3）转化重组子的鉴定

1）互补现象：长有菌落的 LA 琼脂培养板于 4℃ 至少放置过夜，使表达有半乳糖苷酶的菌落充分显色（蓝色），观察菌落的着色情况，白色为阳性重组子，蓝色为非重组子。用无菌牙签挑取大小均匀的白色菌落，分别接种于 96 孔培养板，每孔加 200 μL 的 LB 液体培养基（含 70 μg/mL Amp），在 27℃ 条件下静止 2 d，可见培养基明显变浑浊，加入甘油，–70℃ 冻存。

2）菌液 PCR

以菌液为模板进行 PCR 反应，体系 25 μL，反应组分为：

dd H₂O	15.2 μL
10×PCR Buffer	2.5 μL
dNTP（10 mmol/L each）	2.0 μL
PCR Primer M13.47（10 mmol/L）	1.5 μL
PCR Primer RV-M（10 mmol/L）	1.5 μL
含有阳性克隆子的菌液（模板）	2.0 μL
rTaq 酶（5 U/μL）	0.3 μL
总体积	25 μL

PCR 反应扩增程序如下：

Step 1	94℃	5 min
Step 2	94℃	1 min
Step 3	60℃	1 min
Step 4	72℃	1.5 min

| Step 2～Step 4 | | 30 个循环 |
| Step 5 | 72℃ | 10 min |

然后从 PCR 产物中吸取 2 μL 于 2% 的琼脂糖凝胶上电泳（1×TAE 电泳缓冲液），观察特异性扩增片段的大小。

6. 菌落杂交筛选差异表达克隆

（1）制备杂交膜

1）每孔分别取 1.5 μL 菌液点到两张硝酸纤维素膜上，形成完全一致的复制膜，在含有 Amp 的 LA 培养基上过夜。

2）记录两张膜上生长菌落的大小。

3）将长有菌落的纤维素膜在变性液（含 0.5 mol/L NaOH 和 1.5 mol/L NaCl）饱和的 3 mm 滤纸上变性 5 min；在中和液 [含 0.5 mol/L Tris-HCl（PH 7.4）和 1.5 mol/L NaCl] 饱和的 3 mm 滤纸上中和 5 min；最后置于 2×SSC 溶液饱和的 3 mm 滤纸上放置 10 min。

4）膜在室温下干燥 30 min 后，80℃ 条件下烤膜 2 h 以固定 DNA。

（2）制备地高辛标记的杂交探针

需要制备正向和反向两种探针，均以 SSH 过程中的第二轮 PCR 产物为探针。正向探针是以苏打盐碱胁迫的甜高粱 mRNA 作为 Tester，未胁迫的甜高粱 mRNA 为 Driver；而反向探针是以未胁迫的甜高粱 mRNA 为 Tester，苏打盐碱胁迫的甜高粱 mRNA 作为 Driver（具体步骤参照 SSH 过程进行）。探针标记使用深圳依诺金生物科技有限公司的 DIG DNA 标记试剂盒，操作过程参照说明书。

1）分别以上述两种杂交下的第一次 PCR 产物为模板进行 PCR 反应（模板和引物同第二次 PCR），体系 25 μL，反应组分为：

Sterile H$_2$O	15.0 μL
10×PCR Buffer	2.5 μL
Mg^{2+}（25 mmol/L）	2.0 μL
Dig-dUTP 标记混合物	2.0 μL
Nested PCR Primer 1（10 mmol/L）	1.0 μL
Nested PCR Primer 2R（10 mmol/L）	1.0 μL
稀释后的第一次 PCR 产物（模板）	1.0 μL
Taqase（5 U/μL）	0.5 μL
总体积	25 μL

PCR 反应扩增程序如下：

| Step 1 | 94℃ | 5 min |

Step 2	94℃	30 s
Step 3	62℃	30 s
Step 4	72℃	1.5 min
Step 2～Step 4	20 个循环	
Step 5	72℃	10 min

然后从 PCR 产物中吸取 2 μL 于 2%的琼脂糖凝胶上电泳（1×TAE 电泳缓冲液），观察扩增片段的大小。

2）用 *Rsa* I 消化 2 h 去除探针上的两个接头。

3）用 2%的琼脂糖凝胶分离酶切产物，对 100 bp 以上的部分割胶回收，胶回收使用试剂盒，方法同 SSH 过程中第二次 PCR 后的产物纯化，纯化后的片段经基因定量仪确定浓度后于−20℃保存。

（3）膜预杂交

1）分别将前面制备好的两张杂交膜做好标记后放入两个杂交管中，加入 65℃预热的 Hyb 高效杂交液 10 mL。

2）将杂交仪设定为 65℃，8～15 r/min 预杂交 2 h。

（4）膜杂交

1）分别将标记好的正反向探针放入沸水浴中煮 10 min，立即放冰浴冷却10 min。

2）另取预热的 Hyb 高效杂交液 10 mL，依据 5～20 ng/mL 的量分别加入正反探针，混匀。

3）从两个杂交管中尽量倒出预杂交液，然后分别将含有探针的新杂交液加入到各个杂交管中，做好标记。

4）杂交仪设定为 65℃，8～15 r/min 杂交过夜。

（5）洗膜

洗膜及信号检测使用深圳依诺金生物科技有限公司的地高辛杂交检测试剂盒，操作过程参照说明书，正反探针杂交的膜分别进行以下步骤。

1）用镊子从杂交管中取出膜，放入装有 20 mL 的 2×SSC 0.1% SDS 溶液的平皿中，在室温下振荡洗涤两次，每次 5 min。

2）用镊子将膜转入装有 20 mL 的 0.1×SSC 0.1% SDS 溶液（溶液先放 50℃水浴预热）的平皿中，50℃水浴振荡洗涤两次，每次 15 min。

3）用镊子将膜取出转入装有 20 mL 洗涤缓冲液的平皿中振荡洗涤 5 min。

（6）信号检测

此过程中所有孵育过程应在 15～25℃下进行。

1）洗完的膜放在 20 mL 阻断液中孵育 30 min。

2）在 10 mL 抗体液中孵育 30 min。

3）用 20 mL 洗涤缓冲液洗涤两次，各 15 min。

4）在 15 mL 检测缓冲液中平衡 2～5 min。

5）避光条件下，在 10 mL 新制备的显色底物液中反应 16 h 后照相，但显色过程中勿摇动。

（7）差异表达基因序列测定及其功能分析

将正反向探针杂交膜的信号进行比对，找出在正向探针杂交膜上差异表达的克隆进行测序。序列经 Vecscreen 程序分析载体，DNAstar 软件查找引物后，去除载体和引物序列。然后用 DNAMAN 软件进行比对和拼接，得到非冗余序列。对筛选后的序列进行 BlastN 和 BlastX 分析，依据数据库中的注释确定基因功能。再进行基因本体数据库（Gene Ontology，GO）和蛋白质直系同源簇数据库（Cluster of Orthologous Groups of proteins，COG）等生物信息学分析。

（8）文库质量检测

随机选择消减文库中得到的有效序列 5 条，用 Primer 5.0 设计引物，以 *Actin* 基因为对照，以甜高粱各时间段样品混合的 mRNA 反转后的 cDNA 第一链为模板，采用半定量 RT-PCR 检测所选序列在胁迫组和对照组中转录丰度的差异，来分析所构建文库的质量。RT-PCR 引物序列见表 5-1。PCR 反应扩增程序如下：

Step 1	94℃	5 min
Step 2	94℃	30 s
Step 3	各引物的退火温度（Tm）	30 s
Step 4	72℃	1.0 min
Step 2～Step 4	30 个循环	
Step 5	72℃	10 min

表 5-1　半定量 RT-PCR 引物序列
Tab. 5-1　Primer used of semiquantitative RT-PCR

编号 Number	引物 Primer sequences	退火温度/℃ Tm
SB14-A12	F：5′-CTCCTCCAAAATCGTACG-3′ R：5′-CGACTCACTATAGGGCTA-3′	50
SB15-A10	F：5′-CAGGTGCTACGCTGTG-3′ R：5′-GGCCGAGGTACAAACC-3′	52
SB14-G05	F：5′-CTCCTCCAAAATCGTACG-3′ R：5′-GCTGTGATACGCCTGT-3′	51
SB14-B08	F：5′-ACACTAAGCGTGCATCC-3′ R：5′-GGCCGAGGTAGTTCAAG-3′	52
SB15-A11	F：5′-AGTGTTATCCGCTCTGA-3′ R：5′-CGTTCGTGCAGCTGA-3′	50
Actin	F：5′-TGCTATTCTCCGTTTGG-3′ R：5′-TGGGCATTCAAAGGTT-3′	49

三、结果与分析

（一）总 RNA 和 mRNA 纯度分析

盐碱胁迫甜高粱叶片（Tester）和对照叶片（Driver）分别在 0 h、4 h、12 h、24 h、36 h、48 h 和 72 h 提取纯化总 RNA，经琼脂糖凝胶电泳检测，部分 RNA 样品照相如图 5-1 所示，而经 GeneQuant pro 基因定量仪测出各时间样品的 $OD_{260/280}$ 和浓度见表 5-2。从图 5-1 可见，28 S 和 18 S 两条带非常清晰，而 5 S 处的亮度较暗，表明 RNA 未发生降解；而从表 5-2 中可知，$OD_{260/280}$ 在 1.8～2.0，表明几乎没有蛋白质、酚和多糖类物质等污染。总体来说，总 RNA 完整性较好，纯度较高，可用于后面 mRNA 的分离。将胁迫组和对照组各个时间段提取的 RNA 等量混合，采用磁吸附法提取的 mRNA，经 GeneQuant pro 基因定量仪分析的结果见表 5-3，mRNA 的纯度较好，所提取的量也达到建库的要求。

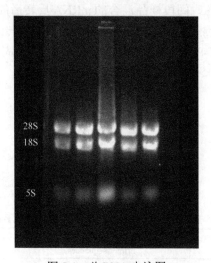

图 5-1　总 RNA 电泳图

Fig. 5-1　The electrophoretogram of total RNA

表 5-2　总 RNA 的浓度及纯度

Tab. 5-2　The concentration and purity of total RNA

指标 Index	处理 Treatment	时间 Time						
		0 h	4 h	12 h	24 h	36 h	48 h	72 h
$OD_{260/280}$	CK	1.845	2.042	1.954	1.891	2.011	1.798	1.979
	Stress	2.045	1.974	1.901	1.821	1.995	1.945	2.021
浓度/（μg/μL） Concentration	CK	0.627	0.538	0.741	0.498	0.559	0.657	0.701
	Stress	0.445	0.612	0.489	0.575	0.485	0.694	0.588

表 5-3　mRNA 的浓度及纯度

Tab. 5-3　The concentration and purity of mRNA

处理 Treatment	OD$_{260/280}$	浓度/（μg/μL）Concentration
CK	1.949	1.270
Stress	1.874	0.979

（二）抑制消减杂交两次 PCR 结果

在 SSH 过程中，以杂交后的 cDNA 为模板进行第一次 PCR 扩增，然后以巢式引物进行第二次 PCR 扩增，结果如图 5-2 所示。经检测，两次 PCR 扩增片段长度分布在 100～1500 bp，为均匀弥散状。第二次 PCR 产物与第一次 PCR 产物相比，电泳条带明显变亮，且条带分布范围较第一次 PCR 下移。可见，经两次杂交后，甜高粱苏打盐碱胁迫后差异表达基因被富集。

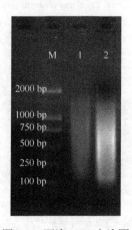

图 5-2　两次 PCR 电泳图

Fig. 5-2　The electrophoretogram of PCR

M. DL2000；1. 第一次 PCR 结果；2. 第二次 PCR 结果

M. DNA Marker DL2000；1. The first PCR result；2. The second PCR result

（三）抑制消减 cDNA 文库质量初步鉴定

从建立的 cDNA 文库中随机选取 38 个阳性克隆，以其菌液为模板，用巢式引物进行 PCR 鉴定，结果如图 5-3 所示。只有 4 个克隆未扩增出明显片段，文库的重组率为 89.5%，满足文库构建的一般要求。插入片段大小分布在 0.2～0.5 kb 范围内，符合 Rsa I 酶 4 碱基识别酶切的片段特点。此文库重组率较高，但获得的阳性克隆插入片段都相对较短。

（四）菌落杂交筛选差异表达克隆

从克隆菌液中取等量菌液制备完全一样的两张硝酸纤维素膜，在含有 Amp

的 LA 培养基上过夜后，比较两张膜并记录菌落的大小（图 5-4），碱裂解后烤膜固定。

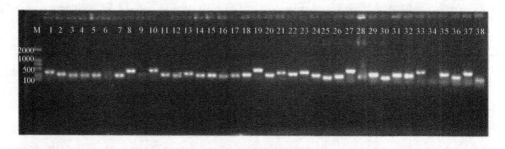

图 5-3 文库中部分阳性克隆 PCR 鉴定结果

Fig. 5-3 PCR amplification of positive clones randomly picked up from the SSH library

M. DL2000；1～38. 从 cDNA 文库中随机挑选的阳性克隆

M. DNA Marker DL2000；1～38. The clones randomly picked up from the SSH library

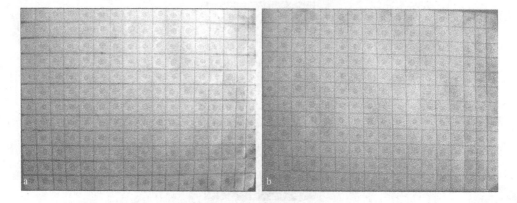

图 5-4 菌落硝酸纤维素膜

Fig. 5-4 The nitrocellulosemembrane made of copy colonies

使用深圳依诺金生物科技有限公司的 DIG DNA 标记试剂盒，以 SSH 过程中杂交后的第一次 PCR 产物为模板，用巢式引物将地高辛标记的 dUTP 通过两次 PCR 来制备正向和反向两种探针。正向探针是以苏打盐碱胁迫的甜高粱 mRNA 作为 Tester，未胁迫的甜高粱 mRNA 为 Driver 进行杂交；而反向探针是以未胁迫的甜高粱 mRNA 为 Tester，苏打盐碱胁迫的甜高粱 mRNA 作为 Driver 进行杂交。杂交探针电泳检测如图 5-5 所示，标记后的探针也呈弥散状。标记后的 PCR 产物再用 *Rsa* I 探针上的两个接头，再割胶回收酶切产物分别作为正反向探针。采用基因定量仪确定探针浓度，其中正向探针为 50 ng/μL，反向探针为 35 ng/μL。

用等量的正向和反向探针分别与两张相同的硝酸纤维素膜进行菌落杂交，将两个不同探针杂交获得的信号参照菌落大小来进行一一比对，查找其中差异表达的基因（图 5-6）。若正向探针杂交有信号，反向探针杂交无信号，表明是差异表达基因；若正向探针杂交信号强度比反向探针杂交信号明显强几倍，也表明是差异表达

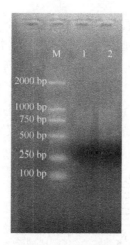

图 5-5　探针检测

Fig. 5-5　The probes detection

M. DL2000；1. 正向探针；2. 反向探针

M. DNA Marker DL2000；1. Forward probe；2. Reverse probe

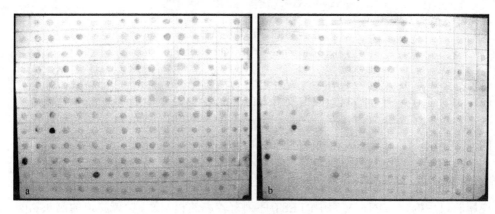

图 5-6　菌落杂交

Fig. 5-6　The colon hybridization

a. 正向探针杂交；b. 反向探针杂交

a. hybridization with forward probe；b. hybridization with reverse probe

基因；若均有杂交信号且强弱相似，则认为是非差异表达基因；若均无杂交信号，也认为不是差异表达基因。然后挑取其中有差异表达信号的阳性克隆进行测序分析。

（五）差异表达基因 EST 功能分析

菌落杂交后共挑选 200 个克隆送到上海生工生物工程有限公司测序，共测出 191 个。去除载体和引物序列，以及低质量序列后，获得 176 个 EST。经比对、拼接后，去掉序列长度低于 100 bp 序列 14 个（占有效 EST 的 8.0%）。去除冗余序列 22 个，该库的冗余度较高，为 12.5%。这可能是由于在两次 PCR 时，选择循环数为 20，循环数太多所致。最后共获得 127 个 Unigene，其中包括 6 个重叠群（Contig）和 121 个单一序列（Singlet）。在 127 个 EST 中，序列最长的片段为 587 bp，最短为 103 bp，平均为 224.5 bp。EST 序列长度的统计如图 5-7 所示，序列中 100～200 bp 的序列最多，占 45.87%，而大于 400 bp 的序列仅占 8.90%。在 SSH 过程的 cDNA 酶切时，选择采用通常的酶切时间 2 h，可能对于植物甜高粱来说，酶切时间过长导致基因组被 *Rsa* I 酶切成较短的片段，使构建的消减文库中插入片段小于 200 bp 的克隆超过 50%。

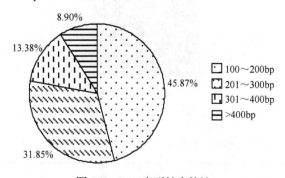

图 5-7　EST 序列长度统计
Fig. 5-7　Analysis of sequence length

对筛选后的序列进行 BlastN 和 BlastX 分析，依据数据库中的注释确定基因功能。其中，103 个 EST 可以找到已知的同源序列，占全部 EST 81.1%；另有 24 个 EST（18.9%）未获得同源匹配，推测可能为新基因或是处于 3′端和 5′端非翻译区的较短序列，因而无法找到同源序列。在 103 个有同源匹配的 EST 中，只有 48 个（占 46.6%）EST 有功能注释，而 55 个 EST（占 53.4%）功能未知或为假定蛋白。在推测为假定蛋白的 EST 中，我们发现大多数 EST 与高粱（*Sorghum bicolor*）逆境胁迫后构建 cDNA 文库中的 EST 序列有较高的相似性。盐碱胁迫的已知功能相关基因及与抗性相关但功能未知的 EST 见表 5-4。有功能注释的 EST 中，参与基础代谢和能量代谢相关的 EST 有 23 个，所占比例最高，达到 47.9%；参与信号转导及转录调控过程的 EST 有 14 个，占 29.2%；蛋白质合成及加工和细胞防御功能的 EST 各 4 个，分别占 8.3%；而参与跨膜转运的 EST 有 3 个，约占 6.3%。

（六）差异表达基因 EST 功能分类

为进一步确定甜高粱抵抗苏打盐碱胁迫过程中所涉及基因的功能，将已知功能基因的 EST 在基因本体数据库（Gene Ontology，GO）中，基于细胞组分（cellular component）、分子功能（molecular function）和生物学过程（biological process）三大方面进行功能分类，结果如图 5-8 所示。从三大方面的次级分类水平上可以看出，在细胞组分功能分类中，与细胞相关的 EST 最多，为 33 个；其次是蛋白质复合体和细胞器相关的 EST，分别为 11 个和 10 个。在分子功能分类中，以催

表 5-4　部分盐碱胁迫相关基因

Tab. 5-4　Part of relative genes induced by the saline-alkali stress

克隆号 Clone No.	长度 Length	登录号 Accession No.	功能注释 Function annotation	物种 Species	E 值 E-value
基础代谢和能量代谢 Metabolism and energy					
SB14-F05	135	BAK26796.1	E3 ubiquitin-protein ligase	Oryza sativa	6.00E-27
SB14-C11-2	192	NP_565965.1	Nudix hydrolase 23	Arabidopsis thaliana	0.53
SB14-F10	161	AED93237.1	Calcium-dependent lipid - binding domain- containing protein	Arabidopsis thaliana	9.00E-35
SB14-A08	217	NP_201103.1	Dihydroneopterin aldolase	Arabidopsis thaliana	2.3
SB14-D04-1	154	NP_717677.1	ATP phosphoribosyltransferase	Shewanella oneidensis	0.32
SB14-G02	116	NM_125524.2	Putative cytochrome c oxidase subunit 5C-3	Arabidopsis thaliana	8.00E-04
SB14-G10	214	XM_003588239.1	Hydroxyproline-rich glycoprotein-like protein	Medicago truncatula	6.00E-23
Contig4	315	EEQ23985.1	Galactosyl transferase	Lactobacillus jensenii	7.00E-14
SB14-H07	176	EFX06202.1	Carbohydrate esterase family 9 protein	Grosmannia clavigera	1.4
SB15-C11	173	NP_567623.2	Aldolase-type TIM barrel family protein	Arabidopsis thaliana	2.00E-26
SB15-D04	159	GAA85752.1	Histone-lysine N-methyltransferase	Aspergillus kawachii	0.08
SB15-F02	212	ZP_03393328.1	Cell division protease FtsH homolog	Corynebacterium amycolatum	2.00E-21
SB15-F08	281	CAA64327.1	Acyl-CoA synthetase	Brassica napus	8.00E-35
SB15-F10	172	EU968500.1	Choline/ethanolamine kinase	Zea mays	2.00E-42
SB15-A01	169	CAD58586.1	NADH dehydrogenase subunit B	Echinochloa crus-galli	1.00E-09
SB15-B08	225	YP_003013430.1	Arabinogalactan endo-1,4-beta-galactosidase	Paenibacillus	2.00E-27
SB15-G01	465	NP_001078734.1	Indole-3-glycerol phosphate synthase	Arabidopsis thaliana	6.00E-41
SB15-G02	157	XP_003619924.1	Inositol-1,4,5-trisphosphate 5-phosphatase	Medicago truncatula	1.00E-22
SB15-A10	283	XP_003558901.1	NADH dehydrogenase [ubiquinone] 1 beta subcomplex subunit 7-like isoform 2	Brachypodium distachyon	3.00E-10
SB15-G12	175	NM_128632.3	Photosystem II oxygen-evolving complex 23 kDa protein (PSBP-2)	Arabidopsis thaliana	8.00E-29
SB16-A07	345	ACG31849.1	Ribulose bisphosphate carboxylase/oxygenase activase	Zea mays	3.00E-61
SB16-A03	266	BAD87373.1	Carboxyl-terminal peptidase-like	Oryza sativa	1.00E-34
SB15-B09	226	NP_201240.1	Peptidyl-prolyl isomerase FKBP12	Arabidopsis thaliana	9.00E-52

续表

克隆号 Clone No.	长度 Length	登录号 Accession No.	功能注释 Function annotation	物种 Species	E值 E-value
跨膜转运 Transmembrane transport					
Contig5	469	CAC81058.1	Mitochondrial F1 ATP synthase beta subunit	*Arabidopsis thaliana*	4.00E-24
SB15-A12	123	XM_750447.1	Mitochondrial phosphate transporter PIC2	*Aspergillus fumigatus*	6.00E-38
SB14-G04	201	FJ646597	Aquaporin（pip2；6）	*Gossypium hirsutum*	3.2
信号转导及转录调控 Signal transduction and transcription regulation					
SB14-C07	133	AAV64236	F-box protein	*Zea mays*	9.00E-26
SB15-F03	121	XM_002459351.1	Similar to Putative tyrosine phosphatase	*Sorghum bicolor*	5.00E-19
Contig2	375	BAA33204.1	Zinc finger protein	*Oryza sativa*	5.00E-36
Contig3	545	ABN43185.1	WRKY transcription factor	*Triticum aestivum*	7.00E-30
SB14-D08	113	XP_003592967.1	DAG protein	*Medicago truncatula*	1.2
SB14-H09	166	NP_001238286.1	Phytochrome A	*Glycine max*	0.8
SB15-B10	155	XP_002283517.1	Gibberellin-regulated protein 4	*Vitis vinifera*	4.00E-14
SB15-C03	174	NP_189330.1	Protein kinase family protein	*Arabidopsis thaliana*	0.17
SB15-C06	146	NP_172221.1	RAB GTPase homolog A2B	*Arabidopsis thaliana*	3.1
SB15-F12	246	CAB96075.1	Translation initiation factor，eIF-5A	*Oryza sativa*	2.00E-28
SB15-H10	265	ZP_07325418.1	Extracellular solute-binding protein	*Acetivibrio cellulolyticus*	2.00E-19
SB15-B01	265	AEE34757.1	Putative WRKY transcription factor 9	*Arabidopsis thaliana*	7.00E-19
SB14-B11	195	CAJ38367.1	Poly A-binding protein	*Plantago major*	4.00E-23
SB16-A01	177	AFB69784.1	LRR receptor-like serine/threonine-protein kinase	*Arachis hypogaea*	5.00E-07
蛋白质合成及加工 Protein synthesis and processing					
SB14-B12	185	ZP_04057968.1	Ribosomal protein L27	*Capnocytophaga gingivalis*	4.00E-37
SB14-E11	205	NP_001077526.1	Ribosomal protein L18ae family protein	*Arabidopsis thaliana*	3.00E-13
SB14-E12	247	ABR25655.1	40S ribosomal protein S25	*Oryza sativa*	9.00E-28
SB15-C07	315	ACZ74656.1	60S ribosomal protein	*Phaseolus vulgaris*	7.00E-36

续表

克隆号 Clone No.	长度 Length	登录号 Accession No.	功能注释 Function annotation	物种 Species	E值 E-value
细胞防御 Cell rescue and defense					
SB14-H08	300	CAA38588.1	Catalase	*Zea mays*	5.00E-09
SB15-C08	195	ACI02062.1	Defensin-like protein	*Vicia faba*	4.00E-23
SB15-C10	223	EEE84081.1	Glutathione reductase	*Populus trichocarpa*	2.00E-27
SB15-E04	185	AES60367.1	Cysteine-rich repeat secretory protein	*Medicago truncatula*	1.00E-11
与抗性相关但功能未知的 EST ESTs related with resistance but function unknown					
SB14-B08	301	AW746588.1	Hypothetical protein (Water-stressed 1)	*Sorghum bicolor*	4.00E-43
SB14-D06	108	CB925722.1	Hypothetical protein (Abscisic acid-treated)	*Sorghum bicolor*	9.00E-35
SB14-C05	164	CF756257.1	Hypothetical protein (Drought-stressed)	*Sorghum bicolor*	1.00E-70
SB14-C09	333	CF432672.1	Hypothetical protein (Nitrogen-deficient)	*Sorghum bicolor*	3.00E-56
Contig1	587	CD233308.1	Hypothetical protein (Salt-stressed)	*Sorghum bicolor*	4.00E-59
SB14-D04-2	186	CD212795.1	Hypothetical protein (Heat-shocked)	*Sorghum bicolor*	9.00E-68
SB014-D01	265	CN133801.1	Hypothetical protein (Oxidatively-stressed)	*Sorghum bicolor*	1.00E-58
SB14-D09	157	CN124346.1	Hypothetical protein (Acid- and alkaline-treated)	*Sorghum bicolor*	4.00E-33
SB15-D01	248	CF070589.1	Hypothetical protein (Iron-deficient)	*Sorghum bicolor*	1.00E-61
SB15-H02	326	CX619170.1	Hypothetical protein (GA or brassinolide treated)	*Sorghum bicolor*	6.00E-66
SB15-A02	249	EX451885.1	EST from the salt stress SSH library	*Oryza sativa*	1.00E-16

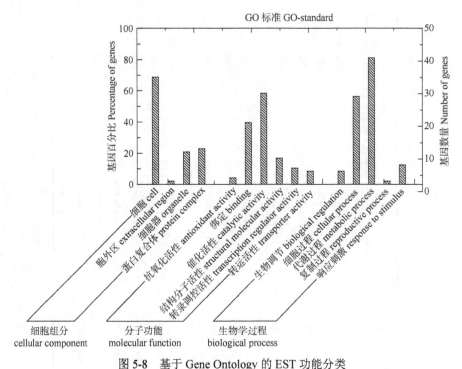

图 5-8　基于 Gene Ontology 的 EST 功能分类

Fig. 5-8　Classification of EST on the basis of Gene Ontology

化和分子绑定功能相关的 EST 较多，分别为 28 个和 19 个，结构分子活性的 EST 有 8 个，转录调控活性的 EST 有 5 个，运输活性的 EST 有 4 个，抗氧化活性的 EST 有 2 个。而在生物学过程功能分类中，与代谢过程和细胞过程相关的 EST 较多，分别为 39 个和 27 个；其次是刺激反应过程的 EST 有 6 个，而生物学调控过程的 EST 有 4 个。

通过与蛋白质直系同源簇数据库（Cluster of Orthologous Groups of proteins，COG）中的蛋白质进行比对，可将已知基因功能的 EST 归入适当的 COG 家族，可明确它们在信息存储与加工、细胞生理与信号和各类代谢中的作用。COG 分类如图 5-9 所示，甜高粱在苏打盐碱胁迫诱导后表达基因涉及代谢过程的最多，占 43.8%，其中包括碳水化合物（8.3%）、脂肪（2.1%）、氨基酸（8.3%）、辅酶（4.2%）和无机离子（4.2%）等物质的转运及代谢过程，以及能量代谢（16.7%）等生理生化过程。其次涉及较多的为细胞过程及信号，占 22.9%；其中，信号转导占 10.4%、翻译后修饰占 6.25%。而信息存储及加工过程占 18.75%，转录及翻译过程分别占 6.25% 和 12.5%。另外，还有 14.6% 的 EST 归入一般功能，即对其功能知之甚少。

（七）消减文库质量检测分析

采用半定量 PCR 对随机选择的消减文库中非冗余的 5 个有效 EST 序列在甜高粱苏打盐碱胁迫组和对照组中的转录丰度进行检测（图 5-10）。结果显示，管家

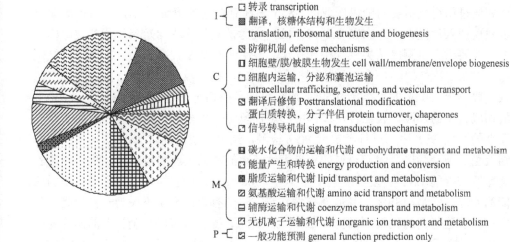

I ┌ □ 转录 transcription
  └ ▨ 翻译，核糖体结构和生物发生
       translation, ribosomal structure and biogenesis

C ┌ ▨ 防御机制 defense mechanisms
  │ ▥ 细胞壁/膜/被膜生物发生 cell wall/membrane/envelope biogenesis
  │ □ 细胞内运输，分泌和囊泡运输
  │   intracellular trafficking, secretion, and vesicular transport
  │ ▨ 翻译后修饰 Posttranslational modification
  │   蛋白质转换，分子伴侣 protein turnover, chaperones
  └ ▨ 信号转导机制 signal transduction mechanisms

M ┌ ▣ 碳水化合物的运输和代谢 carbohydrate transport and metabolism
  │ □ 能量产生和转换 energy production and conversion
  │ ▨ 脂质运输和代谢 lipid transport and metabolism
  │ ▨ 氨基酸运输和代谢 amino acid transport and metabolism
  │ □ 辅酶运输和代谢 coenzyme transport and metabolism
  └ ▨ 无机离子运输和代谢 inorganic ion transport and metabolism

P ┌ ▨ 一般功能预测 general function prediction only

图 5-9　基于 COG 的 EST 功能分类

Fig. 5-9　Classification of EST on the basis of COG

I. 信息存储及加工；C. 细胞过程及信号；M. 代谢；P. 功能不详

I. Information storage and processing；C. Cellular processes and signaling；M. Metabolism；P. Poorly characterized

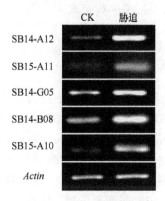

图 5-10　RT-PCR 检测消减文库的质量

Fig. 5-10　Detection of subtractive quality by RT-PCR

基因 *Actin* 在胁迫组和对照组中表达量一致。其他 5 个基因在胁迫组中的表达量均高于对照组，属于盐碱胁迫诱导的差异表达基因。因此，采用 SSH 方法构建的苏打盐碱胁迫下甜高粱差异表达基因的消减文库质量较高，可以从中发现较多的差异表达基因。

四、讨论

（一）SSH 法构建消减文库质量的分析

本试验采用 SSH 方法构建苏打盐碱胁迫下甜高粱差异表达基因的 cDNA 文

库。通过用巢式引物对随机选取的 38 个阳性克隆进行菌液 PCR，分析电泳图可以发现插入片段大小分布在 0.2～0.5 kb，文库的重组率为 89.5%，达到文库构建的一般要求。对测序结果进行统计发现，该库的冗余度较高，为 12.5%，可能是由于在第二次 PCR 扩增时，选择循环数为 20，循环数太多所致。同时文库中插入片段小于 200 bp 的克隆超过 50%，原因可能是酶切时间过长导致基因组被 *Rsa* I 酶切成较短的片段，且在转化过程中，短片段比长片段转化率高。通过对 5 个非冗余的有效 EST 序列进行半定量 PCR 检测，结果表明，通过 SSH 法构建的文库结合菌落杂交筛选，我们获得的差异表达基因的消减文库质量较高。我们构建的文库所获得的 EST 片段长度集中在 100～300 bp，片段较短，不利于以后基因功能的研究。但是，SSH 与其他新技术和新方法的有机结合将不失为一种分离和鉴定差异表达基因的良策，如通过 SSH 方法获得了某基因 cDNA 全长上的部分片段（EST），接下来可通过 cDNA 末端快速扩增法（rapid-amplification of cDNA end，RACE）、染色体步移或电子克隆技术等来最终获得该基因的全长。因此，SSH 技术将在新基因的分离和克隆、研究基因的表达调控及植物的生长发育等方面发挥更大的作用。本试验中获得的盐碱胁迫相关基因可为甜高粱或禾本科植物抗盐碱基因工程育种提供理论依据和基因序列资源。

（二）与盐碱胁迫相关基因功能分析

1. 物质和能量代谢相关基因

很多植物生化代谢途径直接参与植物抗逆反应，本研究中得到的代谢相关基因最多，占已知功能基因 EST 的 47.9%。包括 Nudix 水解酶、E3 泛素蛋白连接酶、二氢新蝶呤醛缩酶、ATP 磷酸核糖转移酶、细胞色素 C 氧化酶、富含羟脯氨酸糖蛋白、半乳糖基转移酶、碳水化合物酯酶、细胞分裂蛋白酶、酰基辅酶 A 合成酶、胆碱/乙醇胺激酶、NADH 脱氢酶、阿拉伯糖半乳聚糖内-1,4-β-半乳糖苷酶、3-吲哚甘油磷酸合成酶、1,4,5-三磷酸肌醇磷酸酶、羧肽酶，以及光合作用中的光系统 II 放氧复合体和 1,5-二磷酸核酮糖羧化酶/加氧酶（Rubisco）等。

Nudix（nucleoside diphosphate linked to some moiety X）水解酶是广泛存在于病毒、细菌、真核生物（包括植物和人类）在内的 250 多种生物中。它催化与残基 X 相连的二磷酸核苷（NDPX）的水解，产物为 NMP+P-X。这类酶的共同特征是含有高度保守的由 23 个氨基酸残基组成的 Nudix 基序（motif/box）（张秀春等，2010）。目前，国内外研究认为，细菌和人类 Nudix 水解酶至少具有两大功能：一是清除细胞内产生的有害代谢产物；二是调节各生化途径的中间代谢产物的积累（McLenna et al.，2000；McLenna，2006）。而植物 Nudix 水解酶基因家族的研究起步比较晚，但通过对拟南芥基因组全序列进行分析，已发现拟南芥存在 24 个 Nudix 水解酶基因（Ogawa et al.，2005），分布于细胞质、叶绿体和线粒体中。但目前对 Nudix 水解酶基因家族的了解还不够充分。本研究中，分离得到了 Nudix 水解酶基因，猜测其在甜高粱抵抗苏打盐碱胁迫中起到一定作用，但其具体功能还不能确定。

生命体内有着各种不同的蛋白质，它们分别在生命体的不同发育阶段调控着生命活动。生物体蛋白质的合成与降解是同样重要的。而泛素蛋白酶体途径是一种需要能量，具有效率高、专一性和选择性强的蛋白质降解方式。泛素蛋白连接酶（ubiquitin protein ligase，E3）是该途径的重要组成部分。E3 是一个超大的蛋白质家族，含有 HECT 结构域的 E3 广泛存在于植物中，但目前对其功能和底物知之甚少（Bates and Vierstra，1999）。拟南芥可能有 1300 多个基因编码 E3 的亚基（Vierstra，2003），正是如此众多的 E3 识别不同的底物从而对生命活动进行着精细的调控。而泛素蛋白降解系统可以通过调节功能蛋白的周转或降解不正常蛋白质，实现对多种代谢过程的调节，如细胞循环、信号转导、基因转录、胞吞作用及免疫反应、雄性不育和细胞程序性死亡等（Kipreos and Pagano，2000）。

富含羟脯氨酸糖蛋白（hydroxyproline-rich glycoprotein，HRGP）是高等植物细胞壁特有的一种结构蛋白，广泛存在于植物中。HRGP 与植物细胞壁的伸展性并无直接关系，而是作为细胞壁的衬质，成为细胞壁的结构成分而起强固细胞壁的作用。而且 HRGP 与植物的防御和抗病及抗逆性有关（宋凤鸣等，1992）。在正常情况下，高等植物细胞壁中 HRGP 的含量很低，约占细胞壁干物质的 10%。而在植物受到病原物侵染、诱发物和乙烯处理及伤害时，植物细胞壁中 HRGP 含量就会增加。苏打盐碱胁迫作为一种逆境伤害，也可能会使编码 HRGP 的基因过量表达。

胆碱与乙醇胺在激酶的催化下生成磷酸胆碱和磷酸乙醇胺，然后再通过一系列的合成反应生成甘油磷脂。甘油磷脂是有机体含量最多的一类磷脂，其主要生理功能是维持正常生物膜的结构与功能。它除了构成生物膜外，还是胆汁和膜表面活性物质等的成分之一，并参与细胞膜对蛋白质的识别和信号转导。

3-吲哚甘油磷酸合成酶（IGS）催化色氨酸及相关次生代谢物的重要前体——吲哚-3-甘油磷酸的形成，色氨酸是植物体内生长素生物合成重要的前体物质，可通过两种途径合成生长素。其结构与 IAA 相似，在高等植物中普遍存在。

1,4,5-三磷酸肌醇磷酸酶可通过水解作用去除磷酸生成肌醇衍生物。肌醇在生物代谢的几乎所有的过程中扮演非常重要的角色，肌醇衍生物在生长调控、质膜形成、渗透胁迫抗性、信号转导中发挥重要作用（Loewus and Murthy，2000）。本研究中得到了催化肌醇代谢酶基因的 EST，宋清晓等（2010）在利用 SSH 方法构建东方山羊豆盐诱导抑制消减杂交文库时，也获得了肌醇的 EST。因此推测肌醇在甜高粱抵御苏打盐碱胁迫过程中发挥着重要作用。

细胞色素 C 氧化酶、NADH 脱氢酶和泛醌是呼吸作用中电子传递和氧化磷酸化过程中重要的电子传递体，通过电子传递产生线粒体内膜两侧的跨膜电化学势梯度，催化 ATP 的形成。本研究所获得的 22 个代谢相关的 EST 中就有 3 个是与能量代谢直接相关的，可见甜高粱在抵抗苏打盐碱胁迫过程中要消耗大量能量，且需要呼吸过程中产生的较多中间产物去参与其他生理代谢过程。

1,5-二磷酸核酮糖羧化酶/加氧酶（Rubisco）催化植物光合作用碳固定及光呼吸碳氧化的过程，其含量及羧化活性与光合速率密切相关（Archie and Portis，1995）。许培磊等（2009）研究表明，在低温诱导的黄瓜叶片中，该蛋白质高丰度表达；此外，霍晨敏等（2004）在盐胁迫后的叶片蛋白质组中也发现有该酶。可见 Rubisco 与植物的抗逆能力有一定相关性。本研究中还得到了光合作用中电子传递链上光系统 II 放氧复合体亚基的基因。说明盐碱胁迫下，提高光合速率产生大量光合产物，弥补呼吸作用产生能量而过量消耗的有机物，可能也是甜高粱耐受苏打盐碱胁迫的一种机制。

综上可见，甜高粱在苏打盐碱胁迫下，体内有许多物质和能量代谢相关基因被诱导表达。涉及碳固定和能量代谢、细胞壁和细胞膜的生物合成、脂肪代谢、氨基酸代谢、糖代谢、激素代谢及蛋白质的合成与降解等生理生化过程。

2. 信号转导及转录调控相关基因

植物基因组中有相当一部分基因参与对环境变化的信号转导或转录调控，现已发现有多种基因家族参与植物对环境胁迫的反应，一般是在转录水平上对信号转导基因的表达进行调控。本研究中得到的参与信号转导及转录调控过程的 EST 占 29.2%，包括 F-box 蛋白、锌指蛋白、WRKY 转录因子、DAG 蛋白、光敏色素 A、赤霉素调节蛋白、蛋白激酶、RAB GTP 酶、翻译起始因子 eIF-5A、Poly(A) 结合蛋白和富亮氨酸重复类似丝氨酸/苏氨酸蛋白激酶等。

泛素介导的蛋白质降解途径主要由 3 种酶组成：泛素活化酶 E1、泛素偶联酶 E2、泛素蛋白连接酶 E3。F-box 蛋白是一类含有 F-box 结构域的蛋白质家族成员，分析拟南芥全基因组序列发现期有 1000 多个具有 F-box 结构的蛋白质（Zheng et al.，2002）。F-box 蛋白是 E3 重要的亚基，它通过不同的 F-box 蛋白结合识别不同的底物。F-box 蛋白作为决定蛋白质降解反应底物识别特异性的重要成分，极有可能受到外界逆境信号的影响，参与植物的逆境应答和防御反应。已有研究表明，在柑橘中，冷害可诱导 *F-box* 基因的表达（Zhang et al.，2005a）；在紫杆柽柳中，一个 *F-box* 基因表达受 NaHCO₃ 碱胁迫诱导（Yang et al.，2004）。因此，F-box 蛋白可能与植物抗逆性相关。本研究是在苏打盐碱胁迫下（包含 NaHCO₃）也获得了 F-box 蛋白基因，进一步证实了 F-box 蛋白在植物对抗逆境胁迫时发挥重要作用。而且，作者的研究得到了泛素蛋白连接酶 E3 和 F-box 蛋白在苏打盐碱胁迫后过量表达，可见甜高粱植物体内泛素介导的蛋白质降解过程对减轻苏打盐碱胁迫伤害有更大的意义，但其具体机制还有待进一步研究。

锌指蛋白（zinc finger protein）是通过结合 Zn^{2+} 作为核心，并和其他几种特定的氨基酸形成的"手指"型多肽结构的蛋白质，是真核生物中含量最丰富的一类蛋白质。已有研究表明，锌指蛋白参与了生物体整个生长发育过程（黄冀等，2004），还与逆境胁迫调节密切相关（宋冰等，2010）。C_2H_2 型锌指蛋白是锌指蛋白中最常见的一种，通常含有 1~9 个串联的锌指结构，每个锌指结构都有保守的氨基酸序列。目前报道的植物 C_2H_2 型锌指蛋白主要参与植物各个时期的生长发育及环境胁迫下基因的表达调控。真核生物中发现的第一个耐盐胁迫的锌指蛋白基因 *STZ*，是从拟南芥 cDNA 文库中克隆并筛选出的，具有典型的植物 C_2H_2 型锌指蛋白结构。Lippuner 等（1996）研究显示，NaCl 处理可使拟南芥根部的 STZ 和 STZ 的类似物表达量都升高了。可能 STZ 通过调节下游耐盐基因的表达来提升植物的耐盐性。此外，郭英慧等（2010）从盐胁迫棉花幼苗 cDNA 文库中分离出一种 CCCH 型锌指蛋白 GhZFP1，过量表达该基因的转基因烟草耐盐性和抗病性显著提高。本研究中筛选得到的锌指蛋白基因不能确定是哪种类型，但一定是能提升甜高粱对苏打盐碱胁迫的耐性。

植物在长期进化过程中，自身形成了一系列机制来适应抵抗各种逆境，其中基因表达的转录调节在植物耐逆过程中起着重要作用。WRKY 转录因子是近年来发现的又一类植物特有的超级基因家族，已从多种植物中分离得到，在模式植物拟南芥中有 75 个成员。WRKY 家族因其 N 端含有 WRKYGQK 氨基酸序列而得名。此外，在该结构域的 C 端有一个新型的锌指结构：C_2H_2 或者 C_2-HC。WRKY 转录因子家族是非组成型表达的，可受外界因子的诱导，如 SA、病原诱导、衰老、损伤、非生物胁迫（干旱、低温和盐等）（于延冲等，2010）。盐胁迫是非常重要的非生物胁迫，研究表明 WRKY 也参与了盐胁迫的调控过程。Jiang 和 Deyholos（2006）在分析 NaCl 胁迫后拟南芥根的综合转录特征时发现，所分析的 35 个 WRKY 转录因子，其中 18 个上调了至少 1.5 倍。通过定量 RT-PCR 分析发现，*AtWRKY17* 和 *AtWRKY33* 上调至少 14 倍，而 *AtWRKY25* 上调了 22 倍之多。Qiu 和 Yu（2009）研究表明，水稻 *OsWRKY45* 受到 ABA 及各种非生物胁迫（盐、旱、冷和渗透）的诱导而高表达，过表达该基因的拟南芥株系增强了对盐、干旱的耐受力。以上结果说明 WRKY 转录因子在这些抗逆过程中也具有重要的作用，增强了植物适应复杂多变环境的能力。在苏打盐碱胁迫下，甜高粱 WRKY 转录因子过表达也说明其参与了植物对盐碱环境的胁迫应答。

多聚腺苷酸结合蛋白是一类能与 mRNA Poly(A)尾结合的高度保守的蛋白质，其成员的主要功能包括：参与前体 mRNA 的成熟，参与 mRNA 翻译的起始，调节 mRNA 的稳定性（吴艳红等，2005）。苏打盐碱胁迫下，Poly(A)结合蛋白过量表达可能保障胁迫下植物体内基因转录及翻译过程顺利进行。

此外，本研究还获得了一个调节蛋白翻译的起始因子 eIF5A。真核起始因子 5A（eIF5A）是真核生物中目前发现的唯一一种含有特殊氨基酸残基 hypusine 的高度保守性蛋白质，它对细胞持续性增殖起着关键性作用。目前，对 eIF5A 在蛋白质合成和其他细胞途径中的功能还不清楚，但一些研究表明 eIF5A 在细胞衰老和死亡（Wang et al., 2001b）及植物对环境胁迫应答方面有一定作用。徐健遥等（2010）将月季 *eIF5A* 基因转化毕氏酵母，发现不能提高宿主对盐和重金属胁迫的抗性，但能提高其高温和氧化胁迫抗性。但是 Rausell 等（2003）报道了翻译起始因子 eIF1A 在酵母中表达可以增加酵母蛋白质的合成速度，并大大增加其抗盐能力；而将该基因转入拟南芥，也增加了拟南芥的抗盐能力。并认为，eIF 在酵母和植物耐盐中是重要的决定性因子。而 eIF5A 是否在甜高粱耐受苏打盐碱胁迫时发挥决定性作用还需进一步验证。

目前已发现与植物耐盐性相关的信号转导途径有：SOS 信号途径（Zhu, 2000）、Ca^{2+} 及钙调素信号途径（Shi et al., 2003）、蛋白激酶和蛋白磷酸酶的信号转导途径等（Zhang and Klessig, 2001）。本研究中得到 DAG 可能与 IP_3 一起参与了 Ca^{2+} 及钙调素信号途径。丝氨酸/苏氨酸蛋白激酶（serine/threonine protein kinase，S/TPK）是植物受体类蛋白激酶（receptor-like kinase，RLK）的主要形式，其作用是使蛋白质磷酸化，而蛋白质磷酸化是最主要的细胞信号转导方式。本研究中得到了蛋白激酶和富亮氨酸重复类似丝氨酸/苏氨酸蛋白激酶可能参与了蛋白激酶和蛋白磷酸酶的信号转导途径。

Rab 蛋白是小分子 GTP（三磷酸鸟苷）结合蛋白家族中最大的亚族，目前对其功能的了解很少，仅确认了它们在囊泡的芽生、转运、黏附、锚定和融合等阶段起作用（吴文林和吴穗洁，2006）。光敏色素（phytochrome，Phy）作为一类红光/远红光的受体，广泛地存在于蓝细菌、低等和高等植物体内。它可调节植物激素及一些化学成分的代谢，还对基因表达进行调控，进而影响植物的形态建成（王静和王艇，2007）。Rab GTP 酶、光敏色素 A 及赤霉素调节蛋白是否也参与了甜高粱对苏打盐碱胁迫的应答目前还不能确定。

3. 防御相关基因

本研究中获得与防御相关基因 4 个，占 8.3%，包括过氧化氢酶（CAT）、类似防御素蛋白、谷胱甘肽还原酶和富含半胱氨酸分泌蛋白（cysteine-rich secretory protein，CRISP）。其中，富含半胱氨酸分泌蛋白功能未知，猜测可能与细胞防御功能有关，因此归于此类。

虽然活性氧在植物光合作用调节、植物细胞程序性死亡、植物生长发育、甚至在逆境胁迫等过程中的信号转导途径中扮演重要角色，但其对细胞及植物体的毒害是非常重大的，可直接或间接地通过脂质过氧化的产物引起细胞内组分如酶和生物膜发生破坏。而植物体内的抗氧化酶系统［包括超氧化物歧化酶（SOD）、过氧化物酶（POD）、过氧化氢酶（CAT）和谷胱甘肽还原酶（GR）等］可分解活性氧，且系统活性与植物的抗逆性密切相关。本研究通过 SSH 消减杂交方法得到在苏打盐碱胁迫下甜高粱体内 CAT 和 GR 差异表达基因的 EST，可见抗性酶系统基因过量表达有助于提高植物的抗盐碱能力。

有些蛋白质是在细胞内合成后分泌到细胞外起作用的，这类蛋白质称为分泌蛋白。富含半胱氨酸分泌蛋白家族包括大量不同起源和功能的单链分泌蛋白，分子质量 20～30 kDa，因其一级结构中含有多个 Cys 残基得名。目前在哺乳动物、两栖动物、爬行动物及软体动物中都有发现。在蛇毒中的 CRISP 功能主要集中在阻断 Ca^{2+} 通道、K^+ 通道及环核苷酸门控通道方面。该蛋白质在植物体中的功能未见报道，本研究中得到了 CRISP 的 EST，与蒺藜苜蓿（*Medicago truncatula*）富含半胱氨酸分泌蛋白有较高的相似性，但 CRISP 在植物体抵抗苏打盐碱受控机制中行使何功能还不清楚。

植物防御素是一类分子质量小（约 5 kDa，由 45～54 个氨基酸组成）、呈碱性、富含保守的 8 个半胱氨酸的短肽。目前植物防御素在拟南芥中已经确认有 5 种（Manners et al.，1998），它们的组织定位和信号途径各不相同。目前对防御素的研究较多集中在抵御病原菌侵染方面，植物防御素一般定位在植物细胞壁的片层结构中，当植物受到外源病菌侵袭的时候能迅速做出反应，保护植物免受病菌的侵害（李万福等，2009），但植物防御素在非生物胁迫中的功能还不明确。

4. 跨膜运输相关基因

本研究中获得与跨膜运输相关的基因 3 个，占 6.25%，包括线粒体 ATP 合酶 F_1 亚基、线粒体磷酸运输体及水通道蛋白的相关基因。

大多数细胞内的能量 ATP 是线粒体 ATP 合酶催化 ADP 和 Pi 生成的，动力是借助电子传递过程形成的内膜两侧的质子动力势。这个过程中涉及两个重要的蛋白质，线粒体 ATP 合酶和线粒体磷酸运输体，ATP 的合成取决于无机 Pi 和 ADP 被运输到线粒体基质中的数量，而 Pi 数量则由线粒体磷酸运输体的活性所决定。Hamel 等（2004）研究认为，磷酸运输体 PIC2 是一种线粒体运输蛋白，且在高温胁迫时活性升高，推测其可能在一些胁迫条件下起重要作用。在本研究中得到了相关的 EST，说明在甜高粱适应苏打盐碱胁迫过程中需要更多的能量，编码 ATP 合酶和线粒体磷酸运输体的基因过量表达。

水通道蛋白（aquaporin，AQP）是指植物中一系列分子质量为 26～34 kDa、选择性强、能高效转运水分子的膜蛋白。水通道蛋白构成水分运输的特异性通道，能增强细胞膜对水分的通透性。近年来在拟南芥、烟草、玉米、豌豆、水稻、向日葵和油菜等多种植物中都发现了 AQP 的存在。水通道蛋白参与水分跨膜快速运输、长距离运输、细胞伸长和分化、气孔和叶片运动、果实成熟、种子成熟和萌发等生理过程（刘迪秋等，2009）。除此以外，它还参与植物逆境胁迫反应。许多研究表明，植物通过控制 AQP 的活性来抵御干旱、冷害、高盐、机械损伤、渗透胁迫、重金属及淹水缺氧等非生物胁迫。但在各种胁迫下，AQP 在转录及蛋白质水平上大多表现为表达量下降，通道活性下降甚至消失。认为 AQP 的关闭能限制植物体内水分流失，维持水分平衡，因而可以增加植物对胁迫因子的耐受能力。但蚕豆水通道蛋白的细胞膜内 *VfPIP1* 基因在拟南芥中超量表达，转基因植株生长速度加快、蒸腾速率减慢、抗旱性增强（Cui et al.，2008）。Zhang 等（2008）研究发现，印度芥菜 *BjPIP1* 受干旱、盐、低温、重金属等胁迫因子诱导表达；过量表达 *BjPIP1* 的转基因烟草对干旱和重金属胁迫的抵抗力增强。宋清晓等（2010）在东方山羊豆的盐诱导文库中也得到了水通道蛋白，因此水通道蛋白在植物对盐和盐碱胁迫过程中一定起到重要作用。

5. 蛋白质合成及加工相关基因

本研究还得到了 4 个蛋白质合成及加工相关基因的 EST，都是核糖体蛋白。核糖体是细胞进行蛋白质合成的重要场所，通过解码 mRNA，与 tRNA 协同作用合成相应的蛋白质。研究结果表明，很多核糖体蛋白除具有组成核糖体和参与蛋白质生物合成的功能外，还具有参与复制、转录加工、翻译调控、DNA 修复、自体翻译、调控细胞凋亡和发育调控等作用（佟金凤等，2011）。植物在遭受逆境胁迫时，体内的一些代谢过程会发生变化，可能会优化蛋白质合成体系的翻译能力，加快相关基因的合成，从而适应环境的改变，以抵抗逆境胁迫的伤害（谢潮添等，2011）。而要提高蛋白质的合成效率，就得制造更多核糖体。因此，本研究中得到了较多的核糖体蛋白的 EST，占 8.3%。研究表明，黑木相思的核糖体蛋白 *S7* 基因在寒胁迫诱导下表达水平上调（胡薇，2010）。

6. 与抗性相关未知功能的 EST

在推测为假定蛋白的 EST 中，作者发现大多数 EST 与高粱（*Sorghum bicolor*）逆境胁迫后构建 cDNA 文库中的 EST 序列有较高的相似性，这些逆境包括水胁迫、干旱胁迫、氮缺乏、盐胁迫、热激、酸碱处理和离子胁迫等。此外，有些 EST 还与激素处理后得到的序列有较高的相似性。虽然高粱的基因组测序已经完成，但人们对高粱及甜高粱的研究远远不及水稻、玉米和大豆等大田作物。因此，找到逆境相关的 EST 后通过 Blast 比对也无法知道其功能。

（三）EST 功能分类

将获得的 EST 通过 GO 分类进行功能分类，结果可以看出，甜高粱在苏打盐碱胁迫后，细胞组分、分子功能及生物学过程中都发生了明显的变化，相关的基因都大量表达。分子功能中主要是许多具有结合绑定功能和催化功能的分子；生物学过程中大部分是与代谢过程和细胞过程相关的分子；而在细胞组分中，细胞及细胞器等相关基因大量表达。而使用 COG 分类发现，甜高粱在苏打盐碱胁迫诱导后表达基因主要涉及代谢过程的最多，其中包括碳水化合物、脂肪、氨基酸、辅酶和无机离子等物质的转运及代谢过程，以及能量代谢等生理生化过程；其次涉及较多的为细胞过程及信号；然后是信息存储及加工过程；另外，还有 14.6% 的 EST 归入一般功能，即对其功能了解很少。

植物在长期进化过程中形成了多种多样适应非生物逆境胁迫相对完善而复杂

的内在机制。在一定的低温、高温、干旱、盐碱等不利环境胁迫下，植物仍能够生存，只是新陈代谢和生长受到影响。现已知道植物的耐逆性是由多基因控制的数量性状，通过激发及调控特异的与逆境相关的基因，引起一系列生理生化过程的改变，降低胁迫对植物造成的伤害。本研究中，通过 SSH 方法成功得到了甜高粱在苏打盐碱胁迫诱导下产生差异表达基因的 EST。对于这些 EST，无论从数据库中的功能注释，还是用 GO 及 COG 分类，作者发现，在盐碱胁迫过程中，多种基因被诱导表达，涉及植物的光合作用、物质（包括碳水化合物、脂肪、氨基酸、辅酶和无机离子等）和能量代谢、细胞壁和细胞膜的组成、水通道、信号转导及转录调控因子等。说明这些过程是甜高粱对苏打盐碱胁迫条件的反应，且与植物的抗胁迫密切相关，还可说明甜高粱耐苏打盐碱胁迫的机制也是由多种基因控制的综合反应。

第二节　苏打盐碱胁迫下甜高粱差异蛋白质组学研究

一、引言

近年来有关各种非生物胁迫条件下，特异蛋白质的研究已成为蛋白质组学研究的热点，有关小麦、水稻和拟南芥的蛋白质组学的研究日益增多。与 NaCl 盐逆境相比，对植物伤害更加严重的苏打盐碱逆境的研究十分薄弱，尤其是在分子生物学方面，关于碳酸盐及碳酸氢盐逆境下植物蛋白质组的研究极少（罗秋香，2006），有关甜高粱蛋白质组学的研究罕见报道。本研究利用双向电泳技术研究苏打盐碱胁迫下甜高粱蛋白质组的变化，通过质谱技术对盐碱诱导的差异蛋白质进行鉴定；同时测定盐碱胁迫下甜高粱植株抗氧化酶系统活性的变化规律，以期从蛋白质分子网络和代谢途径等方面阐明盐碱胁迫下植物的抗逆机制。而且，研究甜高粱在盐碱胁迫下的蛋白质组水平上的变化，寻找与盐碱胁迫相关的特异蛋白质，将为甜高粱和其他作物的抗逆基因工程改良提供非常有价值的资源。

二、材料与方法

（一）供试材料

选取苗期筛选出耐性强的品种 M-81E 为试验材料。

（二）试验方法

1. 材料培养

饱满的甜高粱种子经 0.1% $HgCl_2$ 消毒 5 min，蒸馏水冲洗，水中浸泡 12 h 后放在滤纸上发芽，播于装有洁净石英砂 7.5 kg 的塑料花盆中，每盆 30 株苗。幼苗在室外透明遮雨棚中生长，每 2 d 用自来水配制的 Hoagland 营养液（pH 6.81，盐度 0.40%）透灌。待幼苗长至 3 叶 1 心时，处理组用苏打盐碱胁迫液透灌，胁迫液用自来水配制的 Hoagland 营养液为溶剂，将碱性盐 NaHCO₃ 和 Na₂CO₃（摩尔比 5：1）配制成浓度为 100 mmol/L（pH 9.34，盐度 5.90%）的溶液。而对照组（CK）仍用 Hoagland 营养液浇灌。处理时避免将胁迫液淋到叶片上，每隔 4 h 取叶片测定生理指标，1 d 后取全株用于双向电泳差异蛋白质组学分析。

2. 蛋白质组学研究

（1）蛋白质提取与含量测定

甜高粱全株蛋白质提取参照 Yang 等（2015）方法。称取 1 g 液氮中研磨的样品置于预冷的研钵中，加入 5 mL 预冷的 50 mmol/L 的 Tris-HCl 提取液（pH 7.5）研磨成匀浆，提取液中包括：20 mmol/L KCl、13 mmol/L DTT、2%（V/V）NP-40、150 mmol/L PMSF 和 1%（w/V）PVPP。匀浆在 4℃、12 000×g 离心 15 min，取上清。向上清液中加入 5 倍体积的丙酮（内含有 10% TCA 和 1% DTT），–20℃放置 4 h 后在 4℃、25 000×g 离心 30 min，弃掉上清。重复用含 1%（w/V）DTT 的丙酮清洗沉淀，每次在–20℃放置 1 h，然后 4℃离心，直至上清无色后，沉淀经真空干燥得到粉末状蛋白质。用蛋白质裂解缓冲液，内含 8 mol/L Urea、20 mmol/L DTT、4%（w/V）CHAPS 和 2% IPG 缓冲液（pH 4～7）溶解沉淀，混悬液在涡旋振荡器上室温剧烈振荡 1 h 后，20℃、25 000×g 离心 20 min，取上清。蛋白质浓度测定使用 Bradford（1976）方法，以牛血清白蛋白作为标准。蛋白质提取液液氮速冻后–80℃保存。

（2）蛋白质双向电泳

双向电泳第一向使用长 17 cm、pH 4～7 的线性干胶条，将适量蛋白质裂解液与水化缓冲液[8 mol/L Urea，20 mmol/L DTT，4%（w/V）CHAPS，2% IPG 缓冲液（pH 4～7）和 0.2%（w/V）溴酚蓝]混合至总体积 340 μL（含蛋白质约 900 μg），将混合液加入胶条槽中，覆盖上干胶条，胶面向下，沿胶条加入 1 mL 矿物油防止蒸发。等电聚焦程序如下：50 V 聚焦 14 h，200 V 线性聚焦 1 h，500 V 聚焦 1 h，1000 V 线性聚焦 1 h，8000 V 聚焦 2 h，8000 V 快速聚焦至总 V·h 为 60 000，然后 500 V 聚焦 1 h。第一向电泳结束后，将胶条放在含 1%（w/V）DTT 的胶条平衡缓冲液[6 mol/L Urea，20%（w/V）甘油，2%（w/V）SDS，50 mmol/L Tris-HCl（pH 8.8）]中平衡 20 min，再将胶条放含 2.5%（w/V）碘乙酰胺的胶条平衡缓冲液中平衡 20 min。第二向使用 SDS-PAGE 电泳，采用 12% 的 SDS-PAGE 凝胶。先用低电流（3 W/gel）电泳，待样品完全离开 IPG 胶条，再用大电流（15 W/gel），电泳结束后，凝胶用考马斯亮蓝染色。脱色完毕的凝胶用 GS-800 校准型密度计（Bio Rad 公司，美国）进行扫描，获得的图片用 PDQuest 软件（V 8.0，Bio Rad 公司，美国）进行匹配分析。

（3）质谱鉴定和数据库分析

选取 CK 和处理 1 d 蛋白质胶上重复出现的差异蛋白质点，使用 4800 Plus MALDI TOF/TOF 质谱仪（ABI 公司，美国）进行分析，所得一级和二级质谱数据用 Mascot（http：//www.matrixscience.com）软件分析。由于高粱［Sorghum bicolor (L.) Moench］数据库不太完善，因此根据差异蛋白质的登录号（AC）映射到模式植物拟南芥数据库中，然后再以新的蛋白质 ID 和两处理间的差异变化倍数进行 GO 富集分析、KEGG Pathway 分析和蛋白质互作（PPI）分析（Du et al.，2016）。

3. 生理指标测定

（1）抗氧化酶活性测定

过氧化物酶（POD）活性测定采用愈创木酚氧化法，以 OD_{470} 每分钟变化 0.01 为 1 个酶活性单位（U）；过氧化氢酶（CAT）活性测定采用紫外吸收法，以 OD_{240} 每分钟变化 0.1 所需的酶液量为 1 个活性单位（U）。超氧化物歧化酶（SOD）和谷胱甘肽过氧化物酶（GSH-Px）测定采用南京建成生物工程研究所生产的试剂盒（杨瑾等，2011），测试过程参照各自的说明书进行。SOD 活性为每克地上部组织在 1 mL 反应液中 SOD 抑制率达 50% 时所对应的 SOD 量为一个酶活性单位（U）；GSH-Px 活性为每克地上部组织每分钟扣除非酶反应的作用，使反应体系中 GSH-Px 浓度降低 1 μmol/L 为一个酶活性单位（U）。

（2）丙二醛和 H_2O_2 含量测定

丙二醛（MDA）含量测定采用硫代巴比妥酸比色法；H_2O_2 含量测定使用南京建成生物工程研究所生产的试剂盒。

三、结果与分析

（一）甜高粱响应苏打盐碱胁迫的蛋白质组学分析

1. 差异表达蛋白质分析及质谱鉴定结果

甜高粱对照组（CK）和苏打盐碱胁迫处理 1 d 后的处理组（1 d）全株蛋白质提取后的二维电泳结果如图 5-11 所示，经过 PDQuest 软件定量分析，共挑选出 44 个在 CK 和处理 1 d 胶上重复出现的差异蛋白质点，使用 4800 Plus MALDI TOF/TOF 质谱仪进行分析，利用 Mascot 分析软件中 MS/MS Ions Search 工具共鉴定出 44 个蛋白质，其中 4 号蛋白质点未鉴定出确定蛋白质，而 22 号蛋白质点鉴定出 2 个特定蛋白质，结果见表 5-5。其中 40 个蛋白质可确定其生物学功能，占 90.9%，这些蛋白质可分为 8 个功能类别（图 5-12）：物质和能量代谢（12 个蛋白质点，27.3%）、信号转导及转录调控（9 个蛋白质点，20.5%）、蛋白质代谢（5 个蛋白质点，11.4%）、抗氧化（4 个蛋白质点，9.1%）、响应胁迫（4 个蛋白质

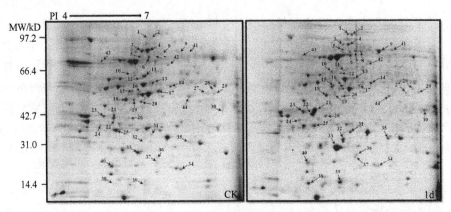

图 5-11 甜高粱蛋白质 2-DE 图谱

Fig. 5-11 Two-dimensional electrophoresis maps showing protein profiles of sweet sorghum

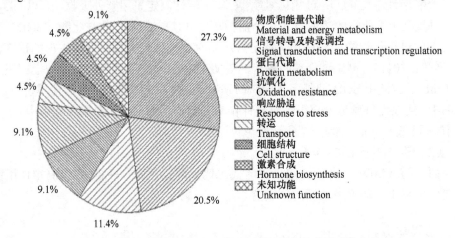

图 5-12 甜高粱响应苏打盐碱胁迫差异表达蛋白质功能分类

Fig. 5-12 Primary function classification of differential proteins in response to soda saline-alkali stress in the sweet sorghum

点，9.1%）、转运（2 个蛋白质点，4.5%）、细胞结构（2 个蛋白质点，4.5%）和激素合成（2 个蛋白质点，4.5%）。从表 5-5 中可见，甜高粱响应苏打盐碱胁迫的蛋白质中有 30 个蛋白质点上调表达，14 个蛋白质点下调表达，下调表达的蛋白质主要出现在物质和能量代谢功能中涉及光合作用的相关蛋白，4 个未确定蛋白质功能的差异蛋白质点全为下调表达。

2. 差异表达蛋白质功能分类

为进一步确定甜高粱响应苏打盐碱胁迫差异蛋白质的功能，将鉴定出的蛋白质在 GO 数据库中，基于生物学过程（biological process，BP）、细胞组分（cellular component，CC）和分子功能（molecular function，MF）三大方面进行功能分类，结果如图 5-13 所示。图 5-13 是将 BP、CC 和 MF 三种富集分析的结果按照差异

表 5-5　甜高粱响应苏打盐碱胁迫差异表达蛋白质点的质谱鉴定

Tab. 5-5　PMF identification of differential proteins in response to soda saline-alkali stress in the sweet sorghum

蛋白质点 Spot	登录号 AC	物种来源 Organism	蛋白名称 Protein name	实验分子量/等电点 Exp. MW/pI	理论分子量/等电点 Theo. MW/pI	分值 Score	序列覆盖度 SC	1d/CK 比值 Ratio1d/CK	肽段数 Matchs	序列 Sequence
物质和能量代谢 Material and energy metabolism										
6	YP_899410	Sorghum bicolor	NADH-plastoquinone oxidoreductase subunit J (chloroplast)	69.2/ 5.67	19.8/ 5.48	62	41%	0.51↓	4	K.HDVVHRSLGFDHR.G R.IQYGIDNPEEVCIK.V K.DNPRIPSVFWVWR.S R.ILMPESWIGWPLRK.D
8	AAC39318	Sorghum bicolor	cytochrome P450 CYP71E1	69.2/ 5.80	59.1/ 8.76	51	18%	3.34↑	6	R.LGTVPTVVVSSAEAAREVLK.V R.IFNELDVFFEK.V R.AAVGDDKPR.V R.LHPPATLLVPR.E K.PEDVSMEETGALTFHRK.T K.AQAEVRAAVGDDKPR.V
10	XP_016507197	Nicotiana tabacum	succinate dehydrogenase subunit 6 mitochondrial-like	58.2/ 5.40	17.1/ 6.84	52	51%	11.4↑	6	-.MSEDSSSSQSFFRK.Y K.YWEGYKEFWGER.F K.RDKPLPSWSESDVEK.F K.ISAVGGIIGAVSTAGVAWK.Y K.ISAVGGIIGAVSTAGVAWKYSR.S K.FMEWWQNKVEEQS.-
11	XP_002452401	Sorghum bicolor	similar to Glyceraldehyde-3-phosphate	59.8/ 5.58	36.3/ 6.61	63	26%	0.43↓	5	K.IGINGFGRIGR.L K.AAAHLKGGAKKVVISAPSK.D K.FGIVEGLMTTVHAITATQK.T R.AASFNIIPSSTGAAK.A R.VPTVDVSVVDLTVRLEKSATYDEIK.A

物质和能量代谢 Material and energy metabolism

蛋白质点 Spot	登录号 AC	物种来源 Organism	蛋白名称 Protein name	实验分子量/等电点 Exp. MW/pI	理论分子量/等电点 Theo. MW/pI	分值 Score	序列覆盖度 SC	1d/CK 比值 Ratio1d/CK	肽段数 Matchs	序列 Sequence
12	BAA36483	Zea mays	phosphoenolpyruvate carboxykinase	57.9/ 5.52	73.3/ 6.57	41	18%	1.44 ↑	6	K.GGAHSPFAVAISEEER.H K.GEAAAQGAPSTPR.A K.YEKGSFITSTGALATLSGAK.T R.IISARAYHSLFMHNMCIR.P K.NVILLACDAFGVLPPVSK.L K.EPQATFSACFGAAFIMLHPTK.Y
14	XP_016740847	Gossypium hirsutum	probable starch synthase 4 chloroplastic/amyloplastic	53.6/ 5.96	72.0/ 6.11	53	21%	0.93 ↓	9	-.MDNGGEDDAETSLEESSNVELESK.N R.LFKEAQQNILYLNK.Q R.IDSMVLGGMVSTEEASK.L R.FTYFSRASLDYIAK.S K.THLVNILKGGVVYSNK.V K.GRIHSMSHGLEPTLSMHK.E R.IIHSMSHGLEPTLSMHKEK.L R.ALRSFQEAVEDSNVK.F R.YSSDHDHEITKFSQFMR.S
16	YP_762337	Sorghum bicolor	NADH dehydrogenase subunit 6 (mitochondrion)	52.3/ 5.54	31.0/ 10.00	42	20%	3.59 ↑	4	R.NTTSLGYTVYAGKVR.S R.TPRSHFSFCTGK.S R.TTKVKRQDVF.R R.ASTKTVILER.P
21	ABK79504	Sorghum bicolor	ribulose-1,5-bisphosphate carboxylase/oxygenase large subunit	40.8/ 5.15	52.3/ 6.33	40	20%	9.09 ↑	5	K.LTYYTPEYETK.D R.IPPAYVKTFQGPPHGIQVER.D K.LGLSAKNYGRACYECLRGGLDFTK.D R.MSGGDHIHSGTVVGK.L K.AACKWSAELAAACEIWK.E

续表

物质和能量代谢 Material and energy metabolism

蛋白质点 Spot	登录号 AC	物种来源 Organism	蛋白名称 Protein name	实验分子量/等电点 Exp. MW/pI	理论分子量/等电点 Theo. MW/pI	分值 Score	序列覆盖度 SC	1d/CK 比值 Ratio1d/CK	肽段数 Matchs	序列 Sequence
22-1	ABF95036	Oryza sativa	Phosphoenolpyruvate carboxykinase	40.1/5.09	74.5/7.14	52	22%	10.8↑	9	-.MASTPNGLARIETHGAK.T K.DGASSPFAAALSEEER.Q K.GSPNIEMDEHTFLTNRER.A R.YTHYMTSSTSVDINLARR.E R.REMVILGTQYAGEMK.K R.EMVILGTQYAGEMKK.G K.CIDLSQEKEPDIWNAIK.F K.YGATGWLVNTGWSSGR.Y R.YLLLSTVTASTPLHIYLWHELTLNSLF RYGVGK.R
34	XP_010558381	Tarenaya hassleriana	chlorophyll a-b binding protein CP29.1, chloroplastic	21.9/6.15	31.2/5.47	43	41%	0.16↓	5	K.SKPIGTDRPLWYPGAK.A K.APEWLDGSLVGDYGFDPFGLGKPAEY LQFDYDGLDQNLAK.N K.STPFQPYSEVFGLQRFR.E K.HARLAMVAFLGFAVQAAATGK.G R.LAMVAFLGFAVQAAATGKGPLDNWA THLSDPLHTTIIDTFTS.-
41	XP_006356693	Solanum tuberosum	acyl carrier protein 1 chloroplastic-like	69.2/6.31	14.6/4.74	53	35%	44.7↑	3	-.MASITGSSATAMSCSFK.E K.TSSLSFKGISYSSIR.V K.KQLALSADTEVCGDSK.F
44	XP_003554348	Glycine max	ATP phosphoribosyltransferase 2	45.9/6.27	41.1/7.62	44	24%	1.09↑	6	-.MLTTMNLPLHTSVWVKSR.R M.LTTMNLPLHTSVWVK.S R.RSWCCYASLSQPDR.K R.SWCCYASLSQPDRK.E K.GRMSADTLQLLQNCQLSVK.Q K.HVTESTADGALEAAPAMGIADAILDL VSSGTTLRENNLK.E

续表

蛋白质点 Spot	登录号 AC	物种来源 Organism	蛋白名称 Protein name	实验分子量/等电点 Exp. MW/pI	理论分子量/等电点 Theo. MW/pI	分值 Score	序列覆盖度 SC	1d/CK 比值 Ratio1d/CK	肽段数 Matchs	序列 Sequence
信号转导及转录调控 Signal transduction and transcription regulation										
1	XP_017435022	Vigna angularis	F-box protein	86.2/5.61	42.6/8.81	56	29%	12.6 ↑	8	M.DMRGDGIFPDEVVIQILAR.L R.GDGIFPDEVVIQILAR.L R.ASCNGLLCCSSIPDK.G K.DYWNDEWCMVDK.V K.DYWNDEWCMVDKVSLR.C R.GMVPGIFPISQTGEYVFLATHK.Q K.QILVYHCKSQVWK.E K.EMYSVKYSSTLPLWFSAHAYR.S
2	XP_009630699	Nicotiana tomentosiformis	PTI1-like tyrosine-protein kinase 3	86.1/5.69	38.5/6.72	45	27%	11.1 ↑	6	K.AIPTIEVPALSLDELK.E K.AIPTIEVPALSLDELK.E R.VLAYEFATMGSLHDILHGR.K K.GVQGAQPGPTLDWMQR.V R.KPVDHTMPRGQQSLVTWATPR.L K.MAAVAALCVQYESEFRPNMSIVVK.A
20	AFR67736	Myrcia brasiliensis	RNA polymerase beta subunit partial (chloroplast)	46.4/5.55	15.2/8.03	40	45%	0.42 ↓	4	K.IILLGNGDTLSIPLVMYQR.S K.NTCMHQKPQVPRGK.C R.LVYEDIYTSFHIRK.Y K.YEIQTHVTRQGPER.I
23	XP_008668653	Zea mays	bifunctional aspartokinase/homoserine dehydrogenase 2, chloroplastic isoform X4	40.3/4.96	100.4/6.37	45	18%	1.11 ↑	10	-.MQGLAVSCQLPPAAAAARWRPR.A M.QGLAVSCQLPPAAAAAR.W K.VTDMMYNLVQKAQSR.D R.RDGSDFSAAIVGSLVR.A R.DGSDFSAAIVGSLVRAR.Q K.SFATVDNLALVNVEGTGMAGVPGTAS AIFSAVK.D R.AIAQGCSEYNITVVLKQQDCVR.A K.TTLAVGIIGPGLIGGALLNQLK.N R.EAGYTEPDPRDDLSGTDVAR.K K.SLVPETLASCSSADEFMQK.L

续表

蛋白质点 Spot	登录号 AC	物种来源 Organism	蛋白名称 Protein name	实验分子量/等电点 Exp. MW/pI	理论分子量/等电点 Theo. MW/pI	分值 Score	序列覆盖度 SC	1d/CK 比值 Ratio1d/CK	肽段数 Matchs	序列 Sequence
信号转导及转录调控 Signal transduction and transcription regulation										
30	XP_006361848	Solanum tuberosum	cyclin-P3-1-like	40.3/6.8	26.0/9.18	46	39%	5.71 ↑	6	-.MIMGAEGFGTKSVNSK.T K.GNPKILWIVASVVER.S R.APVLTVQQYIERIFK.Y K.FVDDDCYNNAYYAK.V K.VGGITTTELNKLEMK.F K.LQIDRPIRIFAWGK.G
32	XP_011006729	Populus euphratica	transcription factor GTE4 isoform X2	28.9/5.59	43.4/9.39	42	16%	43.4 ↑	4	K.HQYGWVFNEPVDAK.K K.EFAEDVRLTFNNAMK.Y R.GEMGYDASLPTPALKR.A R.VPGPRASSPTSGPASASAR.A
33	XP_016667908	Gossypium hirsutum	transcription factor bHLH149-like	27.1/5.49	22.2/11.51	42	26%	6.04 ↑	4	-.MASFLPDLEPGPEMSPEFERK.K R.KTEGNPSSFHPTQGNR.R K.TEGNPSSFHPTQGNRR.I R.SPTATGNYARDMAYR.L
36	EMT03623	Aegilops tauschii	Two-component response regulator ARR12	25.1/5.71	24.3/7.78	42	37%	7.02 ↑	5	-.MANGDQDMATDELMETEGLKVLAVD DPIYLYSLTQMLR.R M.ANGDQDMATDELMETEGLK.V K.NPDGTDFIMTVVQTR.G R.GNEGGACYLLEKPLR.D R.DAQIHFIWQHVVR.W
37	XP_009604291	Nicotiana tomentosiformis	zinc finger MYM-type protein 1-like	24.5/5.70	24.0/6.53	45	48%	4.65 ↑	6	-.MTSPITQKDIVTACK.I R.LIDVVHVQNTSTSSLK.S K.SAIVILLAQHSLSLSYVRK.Q R.SAHS.HCFAHQLQLTLVAVFK.K K.ERIQEALDMGELTTGR.G R.GLNCELGLSRACDTR.-

续表

蛋白质代谢 Protein metabolism

蛋白质点 Spot	登录号 AC	物种来源 Organism	蛋白名称 Protein name	实验分子量/等电点 Exp. MW/pI	理论分子量/等电点 Theo. MW/pI	分值 Score	序列覆盖度 SC	1d/CK 比值 Ratio1d/CK	肽段数 Matchs	序列 Sequence
13	NP_001183717	Zea mays	cysteine synthase	55.9/5.70	36.7/5.37	42	34%	0.34↓	6	K.VEAYQPLCSVKDR.S K.GYRFVAVMPGQYSLDK.Q K.ELPNVHVLDQFSNRANPEAHVR.W K.VICVEPAESPVVSGGEPGSHK.I R.EEGLLVGISSGANLAACLK.V K.GKMIVTVFPSGGER.Y
15	XP_015614827	Oryza sativa	ribosomal RNA small subunit methyltransferase	52.2/5.41	40.3/9.08	40	29%	1.56↑	6	R.LQGGIPFEKSK.G K.AVVAVELDPR.M K.LLSHRPIFRCAVIMFQR.E R.LSVNVQLLSRVSHLLK.V K.TMQSLQLTSDAEKGEEK.M R.ACFKEKIMGILQQGDFAEKR.A
18	XP_002946415	Volvox carteri	chaperonin complex component	46.5/5.31	59.5/5.30	49	28%	0.66↓	10	K.MLVDDIGDVTITNDGATILR.L K.IHPTNIIAGYRLAMR.E K.FIEERMATSTDDLGTETLLNAAR.T K.ARMMMGVQVLVNDPK.E K.GIDDMALKYFVEAGAIACR.R K.AVTLLLRGANDYMLDEMDR.S R.GANDYMLDEMDRSIHDSLCVVK.R K.DATELVAALRAYHYK.A K.VRNNVEAGVLEPAMSK.L R.NNVEAGVLEPAMSKLK.M

蛋白质点 Spot	登录号 AC	物种来源 Organism	蛋白名称 Protein name	实验分子量/等电点 Exp. MW/pI	理论分子量/等电点 Theo. MW/pI	分值 Score	序列覆盖度 SC	1d/CK 比值 Ratio1d/CK	肽段数 Matchs	序列 Sequence
蛋白质代谢 Protein metabolism										
31	XP_003581134	Brachypodium distachyon	E3 ubiquitin-protein ligase SINA-like 10	32.2/ 5.69	33.2/ 6.77	40	21%	3.06↑	4	-.MSHPMAEEEEGKMAK.Q K.VPCSNKIYGCSEFIK.Y R.YNKP_KISMALDCR.F K.DPLVSSSLLAGVQMGK.F
35	XP_004149546	Cucumis sativus	proteasome subunit beta type-4	28.9/ 6.22	27.7/ 6.53	41	29%	3.86↑	5	K.DGILMVSDLGGSYGSTLRYK.S R.DLDQLILYDNMWDDGNALGPK.E K.EIHSYLTRVMYNR.R R.DEWFEDLTFEEGVK.L R.EDLTFEEGVKLLEK.C
抗氧化 Oxidation resistance										
17	XP_013688019	Brassica napus	hydroxyacylglutathione hydrolase 1 mitochondrial-like	52.4/ 5.79	36.8/ 8.54	42	27%	0.65↓	7	-.MPMISKASSTSNSSIPSCSR.I K.SLLYGVMWLFSMPLK.T K.SLLYGVMWLFSMPLKTLR.G K.ITHFCSISNMPSSLK.I K.IVSLPDITNIYCGRENTAGNLK.F R.KSLSITESATEAEALR.R K.SLSITESATEAEALRR.I
22-2	XP_014508481	Vigna radiata	1-Cys peroxiredoxin	40.1/ 5.09	24.5/ 5.63	50	38%	10.8↑	6	R.GVKLLGLSCDDVESHK.E K.EWIKDIEAYTPGCK.V K.VNYPIISDPEREIIK.K K.LSFLYPATTGRNMDEVLR.V R.NMDEVLRVIESLQK.A K.DIFSQGFKTVDLPSK.K

续表

蛋白质质点 Spot	登录号 AC	物种来源 Organism	蛋白名称 Protein name	实验分子量/等电点 Exp. MW/pI	理论分子量/等电点 Theo. MW/pI	分值 Score	序列覆盖度 SC	1d/CK 比值 Ratio1d/CK	肽段数 Matchs	序列 Sequence
抗氧化 Oxidation resistance										
27	XP_003629257	Medicago truncatula	peroxidase family protein	49.2/6.53	35.2/8.81	47	37%	4.17↑	7	K.TVPAALLRMHFHDCFIR.G R.MHFHDCFIRGCDASVLLNSK.G K.ALEAACPGVVSCADILAFAAR.D K.ASETIQLPSPSFNISQLQK.S R.IHNFDATHDVDPSLNPSFASKLK.S K.GIFSSDQVLIDTPYTK.D K.FATSQDEFYKAFVK.S
39	AAC37357	Zea mays	catalase	19.2/5.50	56.8/6.47	48	24%	20.0↑	6	R.GPILLEDYHLJEKVAHFARER.I K.GFFECTHDVTSLTCADFLRAPGVR.T R.LGPNYLMLPVNAPR.C R.DEEVDYYPSRHAPLR.Q K.PNDFKQPGERYRSWDADR.Q K.CDASLGMKIATR.L
响应胁迫 Response to stress										
25	ACG36182	Zea mays	flavonol sulfotransferase-like	35.1/5.13	40.2/5.97	44	41%	0.6↓	11	R.RYANFWLPEVTLK.E K.RSTHPPFDDDHPLR.H R.HCNPHDCVRFLELDFNQQK.D R.VLATHLPYSLLPGSITGDGER.S R.EPKDVLVSSWLFTR.K R.SFTIQEALELFCDGR.C K.ESVRRPDMVLFLR.Y K.DMEVNRNGSTMLGIK.N K.DMEVNRNGSTMLGIK.N R.NGSTMLGIKNESFFR.K K.VVEDALQGTGFTFASTA.-

续表

蛋白质点 Spot	登录号 AC	物种来源 Organism	蛋白名称 Protein name	实验分子量/等电点 Exp. MW/pI	理论分子量/等电点 Theo. MW/pI	分值 Score	序列覆盖度 SC	1d/CK 比值 Ratio 1d/CK	肽段数 Matches	序列 Sequence
响应胁迫 Response to stress										
26	NP_001148198	Zea mays	heat shock cognate 70 kDa protein 2	38.1/5.31	71.1/5.05	58	24%	4.1↑	7	K.GDGPAIGIDLGTTYSCVGVWQHDR.V R.TTPSYVAFTDSER.L K.RLIGRRFSDASVQSDA.K R.FEELNMDLFRKCMEPVEK.C K.SINPDEAVAYGAAVQAAILTGEGNEK.V R.ARTKDNNLLGKFELSGIPPAPR.G K.IDDAVEGAINWLDNNQLAEVDEFEDK.M
29	AIV00511	Zea mays	aldehyde dehydrogenase 2-5	49.2/6.71	54.2/5.24	41	15%	6.22↑	5	M.ASNGNGDGTARVVVPEIK.F R.YYAGAADKIHGDVLR.V R.LAVFFNKGEVCVAGSR.V R.VYVQEGIYDEFAKK.A R.IAQEEIFGPVMSLMK.F
38	XP_006352520	Solanum tuberosum	cell differentiation protein RCD1 homolog isoform X1	19.1/5.02	36.0/6.82	44	31%	91.4↑	6	-.MANLPQSLSVGVSSFR.G R.DGMSSSSSAGAPVNKDR.K K.STPFEYLRLTSLGVIGALVK.V R.CLCTMEMGSELSKTVATFIVEK.I R.ACQALKICLPDMLR.D K.ICLPDMLRDDTFSSCLR.E
转运 Transport										
5	AHW98580	Oryza punctata	MDR-like ABC transporter	70.6/5.54	32.6/9.03	56	44%	68.8↑	5	K.ANEAGRSICRILNR.G K.IDACSEQGTTLQPHAVR.G R.GMYLTIPPGK.T K.QRVAIARVVLRDPR.I R.TCVIVAHRLATVAAVDK.I

蛋白质点 Spot	登录号 AC	物种来源 Organism	蛋白名称 Protein name	实验分子量/等电点 Exp. MW/pI	理论分子量/等电点 Theo. MW/pI	分值 Score	序列覆盖度 SC	1d/CK 比值 Ratio1d/CK	肽段数 Matchs	序列 Sequence
转运 Transport										
9	XP_006645810	Oryza brachyantha	ESCRT-related protein CHMP1-like	69.2/ 6.11	17.2/ 10.01	53	45%	18.5 ↑	5	K.LMTQMFDLRFTSK.S K.AIEKGNMDGTHIYAENAIR.K K.GNMDGTHIYAENAIR.K K.TEVNSLMQQVTDDYGLEVSVGLPQAAAHAIPIAK.E K.TEVNSLMQQVTDDYGLEVSVGLPQAAAHAIPIAKER.G
细胞结构 Cell structure										
28	ADG02378	Bambusa multiplex	cinnamoyl alcohol dehydrogenase	50.1/ 6.65	40.0/ 6.06	46	31%	4.49 ↑	7	-.MGSVASERTVVGWAAR.D R.DASGHLSPYTYTLRK.T K.TGPEDVAVKVLYCGICHTDIHQAK.N R.GGILGLGGVGHMGVKVAK.S K.VAKSMGHHVTVISSSGK.K K.MDYVNQALERLER.N R.LVVDVAGSNIETPPDR.S
40	XP_006586145	Glycine max	cellulose synthase-like protein E1	22.4/ 5.01	85.4/ 7.18	44	20%	0.39 ↓	7	-.MAEEESYPLFETRR.A R.VIYTIFSLSLFVGILFIWVYR.V K.SIASCTHPNNHVNELVPIK.K K.DSSAKDVDGNVMPILVYLAR.E R.VSSMISNGEIILNVDCDMYSNNSQSLRDALCFFMDEVK.G R.DALCFFMDEVKGHEIAFVQTPQCFENVTNNDLYGGALR.V R.ISSYLFAFFDIILK.F

续表

激素合成 Hormone biosynthesis

蛋白质点 Spot	登录号 AC	物种来源 Organism	蛋白名称 Protein name	实验分子量/等电点 Exp. MW/pI	理论分子量/等电点 Theo. MW/pI	分值 Score	序列覆盖度 SC	1d/CK比值 Ratio1d/CK	肽段数 Matchs	序列 Sequence
7	EMS64833	Triticum urartu	Xanthoxin dehydrogenase	69.1/ 5.72	21.7/ 6.17	42	37%	6.54↑	5	-.MQAVLRAANAGPAVAGIK.H R.SGCICTASTAGVLGGIIAPTYGVSK.A R.HGVRVNAISPHGIATQFGLR.G R.VNAISPHGIATQFGLR.G R.GLAQLFPEAGEEEMR.R
24	XP_008654577	Zea mays	ethylene-overproduction protein 1-like	36.8/ 4.91	81.4/ 5.09	51	24%	2.03↑	8	-.MSEEEPETNDLWFIIGEEEVACE.R K.AACDNQ-AAMVRGLDDAR.S R.LDISGNASFALYHFLSYVAMEQDMR.S KLADLQAATELDPTMTFPYKY RVVGFKMATDCLELRA KAAMRSLRYARNSTLHEHERL KAEQSIGLQRSFEAFLKA RAAVLMDEGKEEEAIAELSGAIAFKP R.YSSDHDHEITKFSQFMR.S

未知功能 Unknown function

蛋白质点 Spot	登录号 AC	物种来源 Organism	蛋白名称 Protein name	实验分子量/等电点 Exp. MW/pI	理论分子量/等电点 Theo. MW/pI	分值 Score	序列覆盖度 SC	1d/CK比值 Ratio1d/CK	肽段数 Matchs	序列 Sequence
3	XP_01617255	Arachis ipaensis	replication protein A 70 kDa DNA-binding subunit-like	76.5/ 5.55	50.0/ 5.55	58	26%	0.66↓	8	K.LINMMVIHIENDGLR.L K.NFLASGDQQLPIVIFQFAR.V K.NAGGTNIVQNIMYGTR.L R.LLINPDIPEALMLRK.S K.LNLLVFDGTGTTNFVVFDK.E K.EVAALFGRICTEMVK.E R.RLLDEFNMSGAPSIK.K R.LLDEFNMSGAPSIKK.-

续表

蛋白质点 Spot	登录号 AC	物种来源 Organism	蛋白名称 Protein name	实验分子量/等电点 Exp. MW/pI	理论分子量/等电点 Theo. MW/pI	分值 Score	序列覆盖度 SC	1d/CK 比值 Ratio1d/CK	肽段数 Matchs	序列 Sequence
未知功能 Unknown function										
19	XP_010087433	Morus notabilis	tRNA pseudouridine synthase A	46.5/5.41	36.6/7.17	50	38%	0.46↓	8	R.IQRYLVAIEYVGTR.F R.KPGEVLPPHEPAVVKR.A K.NEGDIMVVDVRSIPR.D R.LLSGPEPLSTFEKDR.A R.AWHVPEELDLLAMQAACK.V R.LLVGVVKSVGTGNLTVSDVER.I R.ILDAKTVTAASPMAPACGLYLGHVK.Y K.TVTAASPMAPACGLYLGHVK.Y
42	KHN15028	Glycine soja	Levodione reductase	65.6/5.91	29.7/8.66	61	28%	0.45↓	6	R.LVLLGDQNSLRSIANK.I R.SIANKIMDSLSLADR.G K.MQDHLELAESEFKK.I K.IVKINFMAAWFLLK.A K.INFMAAWFLLKAVGR.K R.YMTGTTIYVDGAQSITRPR.M
43	XP_004505119	Cicer arietinum	apoptosis inhibitor 5	68.3/4.96	63.3/9.13	44	17%	0.33↓	6	R.GLPLFCKDTPENIGK.M K.SIDDVTGIEFRMFMDFLK.S R.NLAEFSPFTTPQDSR.Q R.LGEDFSEHYNDFTERLK.N R.TCNNILTMTKPLHAK.A R.GSGGMQNQLVNRALDGVSGGGR.G

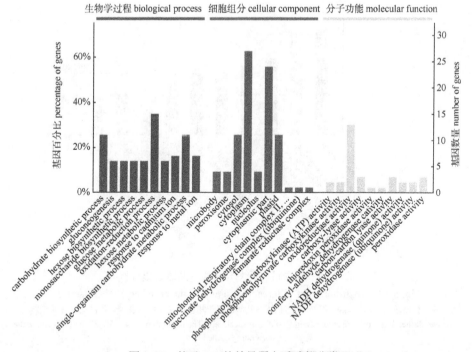

图 5-13　基于 GO 的差异蛋白质功能分类

Fig. 5-13　Classification of differential proteins on the basis of Gene Ontology

从左至右：碳水化合物生物合成、糖异生、己糖生物合成、单糖生物合成、葡萄糖代谢、氧化还原、己糖代谢、响应镉离子、单个有机体碳水化合物代谢、响应金属离子；微体、过氧物酶体、胞质溶胶、细胞质、细胞核、胞质组分、质体、线粒体呼吸链复合体 II、琥珀酸脱氢酶复合体(辅酶 Q)、延胡索酸盐还原酶复合体；磷酸烯醇丙酮酸羧激酶（ATP）活性、磷酸烯醇丙酮酸羧激酶活性、氧化还原酶活性、羧基裂解酶活性、硫氧还蛋白过氧化物酶活性、松柏醛-醛脱氢酶活性、碳-碳裂解酶活性、NADH 脱氢酶（醌）活性、NADH 脱氢酶（泛醌）活性、过氧化物酶活性

显著性从左向右排序，并各选取前 10 个分类信息进行汇总。从三大方面的次级分类水平上可以看出，在生物学过程功能分类中，参与氧化还原过程的蛋白质最多，其次为碳水化合物生物合成过程和单一生物碳水化合物代谢过程；在细胞组分功能分类中，与细胞质相关的蛋白质最多，然后依次为胞质成分、细胞质基质和质体相关蛋白；而在分子功能分类中，与氧化还原酶活性相关的蛋白质最多，然后依次为羧基裂解酶、碳碳裂解酶和过氧化物酶活性相关蛋白。

3. 差异蛋白质参与的代谢通路富集分析及蛋白质互作关系

　　将甜高粱响应苏打盐碱胁迫差异蛋白质参与的代谢通路进行 KEGG 富集分析，结果如图 5-14 所示，将排名前 10 的代谢通路根据显著性从左向右排序分布。差异蛋白质极显著参与碳代谢、光合生物碳固定（图 5-15）、糖酵解（图 5-16）和次级代谢物生物合成等代谢途径；而参与苯丙素生物合成、丙酮酸代谢、代谢途径、TCA 循环、氨基酸生物合成和二羧酸代谢途径达到显著水平。同时对参与显著性高的前 5 种代谢途径中的差异蛋白质进行互作分析，结果如图 5-17 所示。从图 5-17 可见，在甜高粱苏打盐碱胁迫处理 1 d 后差异表达的蛋白质中，上调和

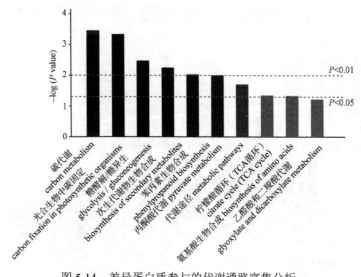

图 5-14　差异蛋白质参与的代谢通路富集分析

Fig. 5-14　Distribution of differences proteins in the enriched KEGG pathway

两条横向虚线表示 $P<0.01$ 和 $P<0.05$ 位置，柱状图高于相应虚线的位置表示该条目呈显著性差异

The two dashed lines indicate $P<0.01$ and $P<0.05$, respectively. The histogram is significant when it is above the corresponding dashed line.

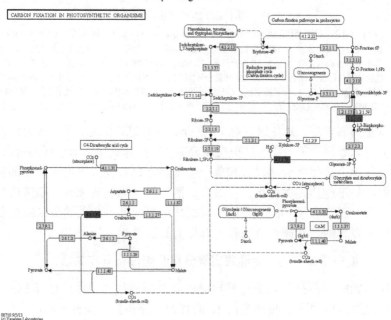

图 5-15　光合生物碳固定通路

Fig. 5-15　Carbon fixation in photosynthetic organisms pathway

图中红色表示上调蛋白，蓝色表示下调蛋白，绿色表示与差异蛋白质属于同一物种的蛋白质，
白色表示其他物种中的蛋白质

Red indicates the up-regulated protein，blue indicates down-regulated protein，green indicates the protein and the differential proteins all from the same species，and white indicates the protein from another species

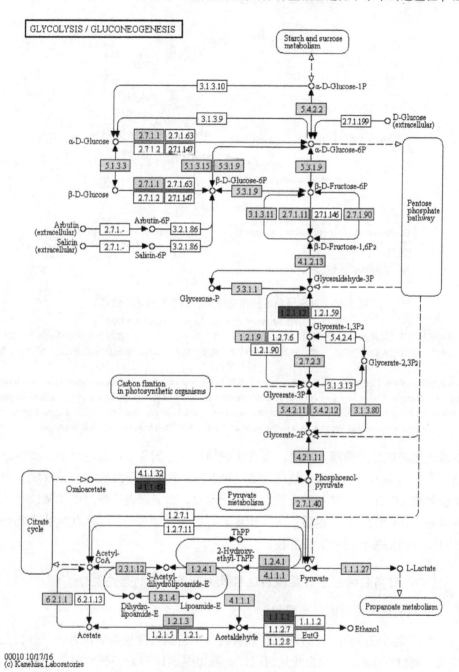

图 5-16 糖酵解通路（彩图请扫封底二维码）

Fig. 5-16 Glycolysis pathway

图中红色表示上调蛋白，蓝色表示下调蛋白，绿色表示与差异蛋白质属于同一物种的蛋白质，
白色表示其他物种中的蛋白质

Red indicates the up-regulated protein，blue indicates down-regulated protein，green indicates the protein and the
differential proteins all from the same species，and white indicates the protein from another species

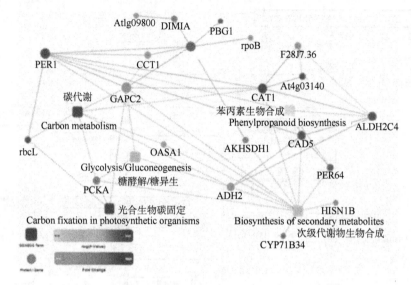

图 5-17　差异蛋白质互作网络（彩图请扫封底二维码）

Fig. 5-17　A network of protein-protein interaction

圆点表示蛋白质对应基因，方框表示 GO 或 KEGG 过程；连线表示有互作关系（实线为文献中已有报道的互作关系，虚线为未经证实的互作关系）；颜色深浅表示蛋白质表达变化情况（红色表示蛋白质上调表达、绿色表示蛋白质下调表达）

circle nodes refer to genes/proteins. Rectangle refers to KEGG pathway or biological processes based GO，which were colored with gradient color from green to red（Red indicates the up-regulated protein，and green indicates down-regulated protein）. The connection indicates that there is an interaction between two proteins（The solid line is an interrelated relationship that has been reported in the literature and the dotted line is an unconfirmed interaction）

下调表达的蛋白质间相互作用，可直接或间接参与到各个代谢途径中。其中，上调表达蛋白质 1-半胱氨酸过氧化物酶（PER1）、热休克蛋白 70（MED37C）和过氧化氢酶（CAT1）与其他差异蛋白质作用明显，而下调表达蛋白 3-磷酸甘油醛脱氢酶（GAPC2）与其他蛋白质作用明显。在代谢途径中，次级代谢物生物合成途径中涉及的差异蛋白质数目较多。

（二）甜高粱响应苏打盐碱胁迫抗氧化相关指标的动态变化

1. 抗氧化酶活性的动态变化

甜高粱响应苏打盐碱胁迫的差异蛋白质中包括抗性相关酶，为此，分析几种抗氧化物酶在 1 d 中的动态变化情况，结果如图 5-18 所示。在胁迫 1 d 中，在 4 h 时，SOD 和 CAT 活性显著减小，GSH-Px 活性无显著变化，而 POD 活性极显著增加；从 4～24 h，与对照组相比，POD 和 GSH-Px 均显著增加，SOD 活性在 20 h 时、CAT 活性在 16 h 时，两酶活性无显著变化，而在其余时间均显著增加；但各酶活性在 16 h 时均不同程度降低。

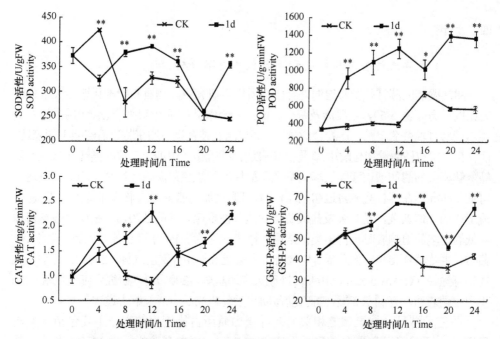

图 5-18　苏打盐碱胁迫对甜高粱幼苗抗氧化酶动态变化的影响

Fig. 5-18　Effects of saline-alkali stress on dynamic change of antioxidases in sweet sorghum seedlings

图中*表示处理间差异达 0.05 显著水平（$P<0.05$），**表示处理间差异达 0.01 显著水平（$P<0.01$）

* means significance at 0.05 level between the treatments（$P<0.05$），** means significance at 0.01 level between the treatments（$P<0.01$）

2. 丙二醛和 H_2O_2 含量的动态变化

苏打盐碱胁迫下，甜高粱体内丙二醛和 H_2O_2 含量在 1 d 中的动态变化如 图 5-19 所示。丙二醛含量在 4 h 时极显著减少，随后增加，除 12 h 时，其余时间均达到显著水平。H_2O_2 含量也在 4 h 时极显著减少，随后增加，除 20 h 时，其余时间均达到显著水平。

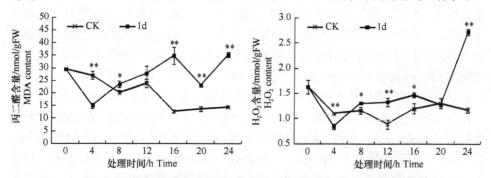

图 5-19　苏打盐碱胁迫对甜高粱幼苗丙二醛和 H_2O_2 含量的影响

Fig. 5-19　Effects of saline-alkali stress on MDA and H_2O_2 contents in sweet sorghum seedlings

图中*表示处理间差异达 0.05 显著水平（$P<0.05$），**表示处理间差异达 0.01 显著水平（$P<0.01$）

* means significance at 0.05 level between the treatments（$P<0.05$），** means significance at 0.01 level between the treatments（$P<0.01$）

四、讨论

（一）差异表达蛋白质功能和参与代谢通路分析

甜高粱响应苏打盐碱胁迫的差异蛋白质组学研究中，物质和能量代谢相关蛋白所占比例最高（表 5-5），主要涉及两个方面：光合作用和呼吸作用。光合作用中涉及的类 3-磷酸甘油醛脱氢酶、淀粉合成酶和叶绿素 a/b 结合蛋白均在胁迫后略微下调表达，而 1,5-二磷酸核酮糖羧化酶/加氧酶上调表达。呼吸作用中涉及三羧酸循环（TCA）及糖酵解相关的酶如琥珀酸脱氢酶亚基和磷酸烯醇丙酮酸羧激酶（2 个）均上调表达。可见，甜高粱在苏打盐碱胁迫初期（1 d）可通过加速能量代谢来抵御高盐及高 pH 环境造成的代谢紊乱，是对突发盐碱胁迫的适应性反应。陈晶（2015）在研究肇东苜蓿对低温逆境胁迫响应时也得出类似结论。植物细胞色素 P450 可在苯丙烷类、生物碱、萜类、生菁糖苷类和植物激素等生物合成中起重要作用（贺丽虹等，2008），还参与生物解毒途径（Ohkawa et al.，1998；冷欣夫和邱星辉，2001）。本研究中细胞色素 p450 蛋白上调表达，有利于高粱在苏打盐碱胁迫后体内物质合成及解毒过程。

与信号转导及转录调控相关的差异蛋白质所占比例也较高，主要包括各类转录因子、调节因子和蛋白激酶。本研究中 F-box 蛋白和锌指蛋白 MYM 在苏打盐碱胁迫后上调表达。有研究表明，F-box 蛋白介导的泛素降解途径也参与了植物应对盐碱胁迫的响应过程（许媛等，2015）。杨传平等（2004）研究发现，紫杆柽柳在 NaHCO₃ 胁迫下，一个 *F-box* 基因被诱导表达，可能通过调节耐盐相关基因转录或启动胁迫信号的转换来增强柽柳的抗盐碱胁迫能力。锌指蛋白过量表达可提高植物耐盐性（王伟英等，2016），在拟南芥（Sakamoto et al.，2004）和水稻（Xu et al.，2008）中均发现高盐胁迫下，锌指蛋白基因过量表达，且该基因过量表达的 T2 代水稻转基因植株耐盐性提高。

甜高粱响应苏打盐碱胁迫差异蛋白质还包括抗氧化和胁迫响应相关蛋白。抗氧化蛋白是广泛存在于所有生物中的一类过氧化物酶，在活性氧清除方面具有重要作用。本研究中得到的抗氧化相关蛋白 1-半胱氨酸过氧化物酶、过氧化物酶家族的蛋白质和过氧化氢酶在苏打盐碱胁迫后均上调表达。植物中 1-半胱氨酸过氧化物酶（1-Cys peroxiredoxin）最早在大麦中被鉴定，称为 *Per1* 基因，Lee 等（2000）将水稻 *Per1* 基因在烟草中过量表达后发现，转基因植株种子抗氧化能力显著增加。在许多植物中发现过氧化氢酶（CAT）和盐胁迫有关，Nagamiya 等（2007）将大肠杆菌（*Escherichia coli*）*katE* 基因转入水稻后可增强其对盐胁迫的耐性。Gong 等（2006）发现苇状羊茅（*Festuca arundinacea* Schreb.）叶片在受到冷和高盐胁迫时，*Cat1* 表达量显著增加，在处理后 2 h 和 4 h 时表达量达到最大。过氧化物酶不仅与植物的生长发育和衰老有关，还可提高植物的抗逆性，转萝卜过氧化物酶基因 *Rsprx1* 可提高拟南芥抵抗高盐胁迫的能力（何静辉，2013）。本研究中与胁迫响应的相关蛋白包括热激蛋白 70（Hsp70）和乙醛脱氢酶（aldehyde dehydrogenase，

ALDH），两者均在胁迫后上调表达。热激蛋白 70 是植物应对高温和其他胁迫时产生的一类特定的应激蛋白（王荣青等，2014），有研究发现用高盐处理后，水稻线粒体热激蛋白 70 表达明显上调（Chen et al.，2009b）。乙醛脱氢酶将醛类化合物氧化成无毒的羧酸类物质，维持生物机体内醛类物质平衡（Perozich et al.，1999），其活性增加可使植物机体对醛的解毒防御机制增强（Skibbe et al.，2002）。杨红兰等（2015）研究发现，转 ALDH21 基因棉花对干旱和高盐的胁迫抗性高于对照。

差异蛋白质中与激素合成相关蛋白有黄质醛脱氢酶和乙烯超量产生蛋白 1，两者在苏打盐碱胁迫后上调表达。水稻中的黄质醛脱氢酶可利用 NAD 作辅因子，催化黄质醛转化为脱落醛，在脱落酸生物合成过程中的发挥重要作用（Endo et al.，2014）。乙烯超量产生蛋白 1 是乙烯合成途径中的重要调节因子，可通过调节 1-氨基环丙烷-1-羧酸合酶（1-aminocyclopropane-1-carboxylate synthase，ACC synthase）的稳定性起作用，可使 ACC 合酶（如 ACS5）连接到泛素蛋白连接酶复合物上，导致 ACC 合酶的蛋白酶体降解。可见，甜高粱通过脱落酸和乙烯介导的信号转导途径来缓解苏打盐碱胁迫造成的伤害。

盐胁迫除对植物造成渗透胁迫、特殊离子影响外，还会造成氧化胁迫（Ibrahim，2016）。从甜高粱响应苏打盐碱胁迫的差异蛋白 GO 分析中可看出，在生物学过程中，参与氧化还原的蛋白质最多，而在分子功能中，与氧化还原酶活性相关蛋白最多。可见，由 $NaHCO_3$ 和 Na_2CO_3 构成的苏打盐碱胁迫对甜高粱幼苗造成的氧化胁迫伤害较大。在细胞组分功能中，差异蛋白主要为细胞质相关蛋白，可能由于苏打盐碱胁迫的高 pH 对细胞质胞液环境影响较大所导致。从差异蛋白的代谢通路 KEGG 富集分析中可看出，在苏打盐碱胁迫下，甜高粱碳代谢、光合生物碳固定、糖酵解和次级代谢物生物合成等代谢途径受到极显著影响，主要涉及光合作用、呼吸作用和次级代谢等过程，蛋白质之间通过相互作用，直接或间接参与各代谢通路。

（二）苏打盐碱胁迫对甜高粱抗氧化生理相关指标影响

许多研究表明，在盐胁迫下，活性氧产生和清除的动态平衡被打破（Ashraf and Harris，2004；Munns and Tester，2008），植物受活性氧毒害程度依赖于抗氧化酶或非酶系统的清除能力。本研究中，在苏打盐碱胁迫 4 h，处理组 SOD 和 CAT 活性显著下降，GSH-Px 无变化，而 POD 活性极显著升高；而此时丙二醛和 H_2O_2 含量较对照极显著降低，推测在胁迫初期，POD 是清除活性氧的主效酶。各酶在胁迫 16 h 时活性不再保持持续增加趋势，而是不同程度下降；此时丙二醛和 H_2O_2 含量继续增加。当胁迫 24 h 时，虽然各酶活性仍极显著高于对照，但由于活性氧长时间积累，导致丙二醛和 H_2O_2 含量剧增。

综上，甜高粱响应苏打盐碱胁迫的差异蛋白涉及光合作用、呼吸作用和次级代谢等过程，不同蛋白质通过相互作用参与多种代谢途径去调控甜高粱对苏打盐碱胁迫的适应性。但甜高粱中通过 2-DE 技术获得的各种差异蛋白对盐碱胁迫的调控机制有待进一步确定。

参 考 文 献

白志英, 李存东, 屈平. 2009. 干旱胁迫对小麦中国春-Synthetic 6x 代换系叶片超微结构的影响. 电子显微学报, 28(1): 68-73.

柴媛媛, 史团省, 谷卫彬. 2008. 种子萌发期甜高粱对盐胁迫的响应及其耐盐性综合评价分析. 种子, 27(2): 43-47.

陈德明, 俞仁培, 杨劲松. 2002. 小麦抗盐性的隶属函数值法评价. 土壤学报, 39(3): 368-373.

陈观平, 王慧中, 施农农, 等. 2006. Na^+/H^+ 逆向转运蛋白与植物耐盐性关系研究进展. 中国生物工程杂志, 26(5): 101-106.

陈海燕. 2007. 盐胁迫及其与 La^{3+} 对不同耐盐性水稻根中抗氧化酶及质膜 H^+-ATPase 的影响. 南京: 南京农业大学硕士学位论文.

陈坚, 周木虎. 2002. 盐胁迫对不同苦瓜品种萌发及幼苗生长的影响. 湘潭师范学院学报, 24(4): 44-48.

陈晶. 2015. 紫花苜蓿响应低温的差异蛋白质组学研究. 哈尔滨: 哈尔滨师范大学博士学位论文.

陈明, 沈文彪, 阮海华, 等. 2004. 一氧化氮对盐胁迫下小麦幼苗根生长和氧化损伤的影响. 植物生理与分子生物学报, 30(5): 569-576.

陈燕, 郑小林, 曾富华, 等. 2003. 高温干旱下两种冷季型草坪草叶片细胞超微结构的变化. 西北植物学报, 23(2): 304-308.

陈忠林, 张学勇, 张绵, 等. 2010. 碱胁迫对结缕草、高羊茅种子萌发及其胚胎生长的影响. 种子, 29(12): 27-30.

迟春明, 王志春, 李彬. 2008. 迫对帚用高粱萌发及苗期生长的影响. 干旱地区农业研究, 26(4): 48-151.

迟丽华, 宋凤斌. 2006. 松嫩平原西部盐碱地区 10 种植物叶片结构特征及其生态适应性. 生态环境, 15(6): 1269-1273.

丛靖宇, 杨冠宇, 张烨, 等. 2010. 不同品种甜高粱幼苗耐受渗透胁迫能力的研究. 华北农学报, 25(4): 136-140.

戴高兴, 彭克勤, 皮灿辉. 2003. 钙对植物耐盐的影响. 中国农业通报, 19(3): 97-101.

戴凌燕, 唐呈瑞, 殷奎德, 等. 2015. 苏打盐碱胁迫对甜高粱植株有机酸含量的影响. 生态学杂志, 34(3): 681-687.

戴凌燕, 张立军, 阮燕晔, 等. 2012a. 盐碱胁迫下不同品种甜高粱幼苗生理特性变化及耐性评价. 干旱地区农业研究, 30(2): 77-83.

戴凌燕, 张立军, 阮燕晔, 等. 2012b. 苏打盐碱胁迫对甜高粱叶片结构及抗性指标的影响. 农业环境科学学报, 31(3): 468-475.

戴凌燕, 张立军, 张成才. 2011. 苏打盐碱胁迫对甜高粱种子萌发的影响及品种耐性综合评价. 种子, 30(10): 28-32.

董秋丽, 夏方山, 董宽虎. 2010. 碱性盐胁迫对芨芨草苗期脯氨酸和可溶性蛋白含量的影响. 畜牧与饲料科学, 31(4): 11-12.

杜长霞, 李娟, 郭世荣, 等. 2007. 外源亚精胺对盐胁迫下黄瓜幼苗生长和可溶性蛋白表达的影响. 西北植物学报, 27(6): 1179-1184.

樊怀福, 郭世荣, 焦彦生, 等. 2007. 外源一氧化氮对 NaCl 胁迫下黄瓜幼苗生长、活性氧代谢和光合特性的影响. 生态学报, 27(2): 546-553.

范华, 董宽虎, 侯燕平, 等. 2011. NaCl 胁迫对盐生植物碱蒿超微结构的影响. 草地学报, 19(3): 482-486.

方志红, 董宽虎. 2010. Na_2SO_4 胁迫对碱蒿叶绿素、甜菜红素和 O_2^- 产生速率的影响. 安徽农学通报, 16(9): 40-41.

谷艳芳, 丁圣彦, 李婷婷, 等. 2009. 盐胁迫对冬小麦幼苗干物质分配和生理生态特性的影响. 生态学报, 29(2): 840-845.

谷颐. 2005. 白城地区盐碱生态环境 3 种植物的结构. 东北林业大学学报, 33(5): 110-111.

郭立泉, 陈建欣, 崔景军. 2009. 盐、碱胁迫下星星草有机酸代谢调节的比较研究. 东北师大学报(自然科学版), 41(4): 123-128.

郭立泉, 石德成, 马传福. 2005. 植物在响应逆境胁迫过程中的有机酸代谢调节及分泌现象. 长春教育学院学报, 21(3): 19-24.

郭新红, 姜孝成, 潘晓玲, 等. 2001. 用抑制差减杂交法分离和克隆梭梭幼苗受渗透胁迫诱导相关基因的 cDNA 片段. 植物生理学报, 27(5): 401-406.

郭艳茹, 詹亚光. 2006. 植物耐盐性生理生化指标的综合评价. 黑龙江农业科学, (1): 66-70.

郭英慧, 于月平, 郑成超, 等. 2010. 棉花锌指蛋白 GhZFP1 相互作用蛋白的酵母双杂交筛选. 中国生物化学与分子生物学报, 26(5): 423-428.

韩春梅, 李春龙, 贺阳冬, 等. 2009. NaCl 胁迫对莴笋种子萌发及幼苗根系生理生化指标的影响. 长江蔬菜, (10): 21-23.

韩亚琦, 唐宇丹, 张少英, 等. 2007. 盐胁迫抑制槲栎 2 变种光合作用的机理研究. 西北植物学报, 27(3): 583-587.

何静辉. 2013. 转萝卜过氧化物酶基因 *Rsprx1* 提高拟南芥抗盐胁迫机理研究. 新乡: 河南师范大学硕士学位论文.

何龙飞, 沈振国, 刘友良. 2000. 铝胁迫下钙对小麦液泡膜功能和膜脂组成的影响. 南京农业大学学报, 23(1): 10-13.

何若韫. 1995. 植物低温逆境生理. 北京: 中国农业大学出版社: 107-141.

何雪银, 文仁来, 吴翠荣, 等. 2008. 模糊隶属函数法对玉米苗期抗旱性的分析. 西南农业学报, 21(1): 52-56.

贺丽虹, 赵淑娟, 胡之璧. 2008. 植物细胞色素 *P450* 基因与功能研究进展. 药物生物技术, 15(2): 142-147.

黑龙江省土地管理局, 黑龙江省土壤普查办公室. 1992. 黑龙江土壤. 北京: 农业出版社.

胡薇. 2010. 黑木相思遗传多样性及寒胁迫诱导差异表达基因的研究. 福州: 福建农林大学博士学位论文.

胡晓辉, 王素平, 曲斌. 2009. NaCl 胁迫下亚精胺对番茄种子萌发及幼苗抗氧化系统的影响. 应用生态学报, 20(2): 446-450.

华春, 王仁雷. 2004. 盐胁迫对水稻叶片光合效率和叶绿体超显微结构的影响. 山东农业大学学报(自然科学版), 35(1): 27-31.

黄冀, 王建飞, 张红生, 等. 2004. 植物 C_2H_2 锌指蛋白的结构和功能. 遗传, 26(3): 414-418.

黄志伟, 彭敏, 陈桂琛, 等. 2001. 青海湖盐碱地灰绿藜叶的形态解剖学研究. 西北植物学报, 21(6): 1199-1203.

霍晨敏, 赵宝存, 葛荣朝, 等. 2004. 小麦耐盐突变体盐胁迫下的蛋白质组分析. 遗传学报, 31(12): 1408-1414.

贾洪涛, 赵可夫. 1998. 盐胁迫下 Na^+、K^+、Cl^- 对碱蓬和玉米离子的吸收效应. 山东师大学报(自然科学版), 13(4): 437-440.

贾立平, 顾云杰, 姚和雨. 2000. 大庆地区盐碱土改良利用初探. 北方园艺, 131: 47-48.

贾娜尔·阿汗, 张相锋, 赵玉. 2010. 盐碱胁迫对小冰麦种子萌发和早期幼苗生长的影响. 种子, 29(9): 52-55.

简令成, 王红. 2009. 逆境植物细胞生物学. 北京: 科学出版社: 168-179.

姜卫兵, 高光林, 戴美松, 等. 2003. 盐胁迫对不同砧穗组合梨幼树光合日变化的影响. 园艺学报, 30(6): 653-657.

焦进安, 施教耐. 1987. 马齿苋叶片磷酸烯醇式丙酮酸羧化酶活性及调节特性的光/暗变化. 植物生理学报, 13(2): 190-196.

孔令安, 郭洪海, 董晓霞. 2000. 盐胁迫下杂交酸模超微结构的研究. 草业学报, 9(2): 53-57.

郎志红. 2008. 盐碱胁迫对植物种子萌发和幼苗生长的影响. 兰州: 兰州交通大学环境与市政工程学院硕士学位论文.

冷欣夫, 邱星辉. 2001. 细胞色素 P450 酶系的结构、功能与应用前景. 北京: 科学出版社.

黎大爵, 廖馥荪. 1992. 甜高粱及其利用. 北京: 科学出版社.

黎昊雁, 徐亮. 2002. 植物抗逆机制及相关基因工程研究进展. 检验检疫科学, 12(6): 53-55.

李会勇, 黄素华, 赵久然, 等. 2007. 应用抑制差减杂交法分离玉米幼苗期叶片土壤干旱诱导的基因. 中国农业科学, 6(6): 647-651.

李杰, 陈康, 唐静, 等. 2008. NaCl 胁迫下玉米幼苗中一氧化氮与茉莉酸积累的关系. 西北植物学报, 28(8): 1629-1636.

李平华, 张慧, 王宝山. 2003. 盐胁迫下植物细胞离子稳态重建机制. 西北植物学报, 23(10): 1810-1817.

李庆余, 徐新娟, 朱毅勇, 等. 2011. 半定量 RT-PCR 研究氮素形态对樱桃番茄果实中有机酸代谢相关酶基因表达的影响. 植物营养与肥料学报, 17(2): 341-348.

李万福, 刘海燕, 钟旎, 等. 2009. 花生防御素基因的克隆及原核表达. 基因组学与应用生物学, 28(4): 645-650.

李玉明, 石德成, 李毅丹, 等. 2002. 混合盐碱胁迫对高粱幼苗的影响. 杂粮作物, 22(1): 41-45.

利容千, 王建波. 2002. 植物逆境细胞及生理学. 武汉: 武汉大学出版社: 217.

林加涵, 魏文铃, 彭宣宪. 2002. 现代生物学实验. 北京: 高等教育出版社: 70-82.

刘爱峰, 赵檀方, 段友臣. 2000. 盐胁迫对大麦叶片细胞超微结构影响的研究. 大麦科学, (3): 20-221.

刘爱荣, 张远兵, 陈登科. 2006. 盐胁迫下盐芥(*Thellungieilla halophila*)生长和抗氧化酶活性的影响. 植物研究, 126(2): 216-221.

刘爱荣, 赵可夫. 2005. 盐胁迫对盐芥生长及硝酸还原酶活性的影响. 植物生理与分子生物学报, 3l(5): 469-476.

刘迪秋, 王继磊, 葛锋, 等. 2009. 植物水通道蛋白生理功能的研究进展. 生物学杂志, 26(5): 63-66.

刘华, 舒孝喜, 赵银, 等. 1997. 盐胁迫对碱茅生长及碳水化合物含量的影响. 草业科学, 14(1): 18-20.

刘惠芬, 高玉葆, 张强, 等. 2004. 不同种群羊草幼苗对土壤干旱胁迫的生理生态响应. 南开大学学报(自然科学版), 37(4): 105-110.

刘吉祥, 吴学明, 何涛, 等. 2004. 盐胁迫下芦苇叶肉细胞超微结构的研究. 西北植物学报, 24(6): 1035-1040.

刘家尧, 衣艳君, 白克智, 等. 1996. CO₂/盐冲击对小麦幼苗呼吸酶活性的影响. 植物学报(英文版), 38(8): 641-646.

刘阳春, 何文寿, 何进智, 等. 2007. 盐碱地改良利用研究进展. 农业科学研究, 28(2): 68-71.

刘玉杰, 王宝增. 2007. 不同品种大豆耐盐性的比较研究. 安徽农业科学, 35(15): 4462-4464.

刘祖祺, 张石城. 1994. 植物抗性生理学. 北京: 中国农业出版社.

卢静君, 李强, 多立安. 2002. 盐胁迫对金牌美达丽和猎狗种子萌发的研究. 植物研究, 22(3): 328-332.

芦翔, 石卫东, 王宜伦, 等. 2011. 外源NO对NaCl胁迫下燕麦幼苗抗氧化酶活性和生长的影响. 草业科学, 28(12): 2150-2156.

陆静梅, 李建东, 张洪芹, 等. 1996. 吉林西部草原区 7 种耐盐碱双子叶植物结构研究. 应用生态学报, 7(3): 283-286.

陆静梅, 李建东. 1994. 一种新型的植物盐腺. 东北师范大学学报(自然科学版), 3: 88-89.

陆静梅, 刘友良, 胡波, 等. 1998. 中国野生大豆盐腺的发现. 科学通报, 43(19): 2074-2078.

罗秋香. 2006. 碳酸盐逆境下虎尾草叶片蛋白质组学研究. 哈尔滨: 东北林业大学博士学位论文.

罗群, 唐自慧, 李路娥, 等. 2006. 干旱胁迫对 9 种菊科杂草可溶性蛋白质的影响. 四川师范大学学报(自然科学版), 29(3): 356-359.

吕金印, 郭涛. 2010. 水分胁迫对不同品种甜高粱幼苗保护酶活性等生理特性的影响. 干旱地区农业研究, 28(4): 89-93.

马翠兰, 刘星辉, 杜志坚. 2003. 盐胁迫对柚、福橘种子萌发和幼苗生长的影响. 福建农林大学学报(自然科学版), 32(3): 320-324.

马德源, 李发育, 朱剑峰, 等. 2009. 盐胁迫下荞麦体内Na⁺分配与品种耐盐性的关系. 安徽农业科学, 37(13): 5908-5909.

马德源, 战伟龑, 杨洪兵, 等. 2011. 荞麦主要拒 Na⁺部位及其 Na⁺/H⁺逆向转运活性的研究. 中国农业科学, 44(1): 185-191.

马兰涛, 陈双林. 2008. 瓜多竹(Guadua amplexifolia)对 NaCl 胁迫的生理响应. 生态学杂志, 27(9): 1487-1491.

买合木提·卡热, 吾甫尔·巴拉提, 侯江涛, 等. 2005. NaCl 胁迫对扁桃砧木可溶性蛋白质和脯氨酸含量的影响. 新疆农业大学学报, 28(1): 1-5.

毛桂莲, 许兴, 徐兆桢. 2004. 植物耐盐生理生化研究进展. 中国生态农业学报, 12(1): 43-46.

苗海霞, 孙明高, 夏阳, 等. 2005. 盐胁迫对苦楝根系活力的影响. 山东农业大学学报(自然科学版), 36(1): 9-12.

苗雨晨, 白玲, 苗琛, 等. 2005. 植物谷胱甘肽过氧化物酶研究进展. 植物学通报, 22(3): 350-356.

宁建凤, 郑青松, 杨少海, 等. 2010. 高盐胁迫对罗布麻生长及离子平衡的影响. 应用生态学报, 21(2): 325-330.

潘瑞炽. 2004. 植物生理学. 5 版. 北京: 高等教育出版社: 284-300.

祁栋灵, 郭桂珍, 李明哲, 等. 2007. 水稻耐盐碱性生理和遗传研究进展. 植物遗传资源学报, 8(4): 486-493.

秦景, 贺康宁, 谭国栋, 等. 2009. NaCl 胁迫对沙棘和银水牛果幼苗生长及光合特性的影响. 应用生态学报, 20(4): 791-797.

曲元刚, 赵可夫. 2004. NaCl 和 Na$_2$CO$_3$ 对玉米生长和生理胁迫效应的比较研究. 作物学报, 30(4): 334-341.

曲元刚. 赵可夫. 2003. NaCl 和 Na$_2$CO$_3$ 对盐地碱蓬胁迫效应的比较. 植物生理与分子生物学学报, 29(5): 387-394.

单雷, 赵双宜, 夏光敏. 2006. 植物耐盐相关基因及其耐盐机制研究进展. 分子植物育种, 4(1): 15-22.

邵红雨, 孔广超, 齐军仓, 等. 2006. 植物耐盐生理生化特性的研究进展. 安徽农学通报, 12(9): 51-53.

盛彦敏, 石德成, 肖洪兴, 等. 1999. 不同程度中碱性复合盐对向日葵生长的影响. 东北师大学报(自然科学版), (4): 65-69.

石德成, 盛彦敏. 1998. 复杂盐碱生态条件的人工模拟及其对羊草生长的影响. 草业学报, (3): 36-41.

石德成, 盛艳敏, 赵可夫. 1998. 复杂盐碱生态条件的人工模拟及其对羊草生长的影响. 草业学报, 7(1): 36-41.

石德成, 殷立娟. 1993. 盐(NaCl)与碱(Na$_2$CO$_3$)对星星草胁迫作用的差异. 植物学报, 35(2): 144-149.

石德成, 尹尚君, 杨国会, 等. 2002. 碱胁迫下耐碱植物星星草体内柠檬酸特异积累现象. 植物学报(英文版), 44(5): 537-540.

石德成. 1995. 磷酸中和缓解 Na$_2$CO$_3$ 对星星草的胁迫作用. 草业学报, 4(4): 34-38.

石永红, 万里强, 刘建宁, 等. 2010. 多年生黑麦草抗旱性主成分及隶属函数分析. 草地学报, 18(5): 669-672.

时冰. 2009. 盐碱地对园林植物的危害及改良措施. 河北林业科技, (9): 61-62.

时丽冉. 2007. 混合盐碱胁迫对玉米种子萌发的影响. 衡水学院学报, 9(1): 13-15.

宋冰, 洪洋, 王丕武, 等. 2010. 植物 C$_2$H$_2$ 型锌指蛋白的研究进展. 基因组学与应用生物学, 29(5): 1133-1141.

宋凤鸣, 郑重, 葛起新. 1992. 富含羟脯氨酸糖蛋白在植物-病原物相互作用中的积累、作用及调控. 植物生理学通讯, 28(2): 141-145.

宋清晓, 王学敏, 高洪文, 等. 2010. 东方山羊豆盐诱导抑制差减杂交文库构建及其表达序列标签分析. 植物遗传资源学报, 11(6): 777-783.

眭晓蕾, 毛胜利, 王立浩, 等. 2009. 辣椒幼苗叶片解剖特征及光合特性对弱光的响应. 园艺学报, 36(2): 195-208.

唐静, 车永梅, 侯丽霞, 等. 2009. NO 缓解玉米幼苗盐胁迫伤害的生理机制. 西北植物学报, 29(10): 2007-2012.

田晓艳, 刘延吉, 郭迎春. 2008. 盐胁迫对 NHC 牧草 Na$^+$、K$^+$、Pro、可溶性糖及可溶性蛋白的影响. 草业科学, 25(10): 34-38.

佟金凤, 汪仁, 李晓丹, 等. 2011. 石蒜核糖体蛋白 L21 的基因克隆及氨基酸序列分析. 植物资源与环境学报, 20(4): 13-16.

王宝山, 赵可夫. 1995. 小麦叶片中 Na、K 提取方法的比较. 植物生理学通讯, 31(1): 50-52.

王宝山, 邹琦, 赵可夫. 1997. 高粱不同器官生长对 NaCl 胁迫的响应及其耐盐阈值. 西北植物学报, 17(3): 270-285.

王宝山, 邹琦, 赵可夫. 2000. NaCl 胁迫对高粱不同器官离子含量的影响. 作物学报, 26(6): 845-850.

王宝山, 邹琦. 2000. NaCl 胁迫对高粱根、叶鞘和叶片液泡膜 ATP 酶和焦磷酸酶活性的影响. 植物生理学报, 26(3): 181-188.

王波, 宋凤斌, 任长忠, 等. 2005. 盐碱胁迫对燕麦叶绿体超微结构及一些生理指标的影响. 吉林农业大学学报, 27(5): 473-477, 485.

王耿明. 2008. 基于 BP 神经网络的松辽平原盐碱土含盐量遥感反演研究. 长春: 吉林大学硕士学位论文.

王厚麟, 缪绅裕. 2000. 大亚湾红树林及海岸植物叶片盐腺与表皮非腺毛. 台湾海峡, 19(3): 372-378.

王建华, 刘鸿先, 徐同. 1980. 超氧物歧化酶(SOD)在植物逆境和衰老生理中的作用. 植物生理学通讯, (1): 1-7.

王静, 王艇. 2007. 高等植物光敏色素的分子结构、生理功能和进化特征. 植物学通报, 24(5): 649-658.

王淼, 李秋荣, 付士磊, 等. 2005. 一氧化氮对杨树耐旱性的影响. 应用生态学报, 16(5): 805-810.

王仁雷, 华春, 刘友良. 2002. 盐胁迫对水稻光合特性的影响. 南京农业大学学报, 25(4): 11-14.

王荣青, 万红建, 李志邈, 等. 2014. 番茄 *Hsp70* 基因鉴定及系统发育关系分析. 核农学报, 28(3): 0378-0385.

王淑慧. 2006. NaCl 胁迫下甘菊甜菜碱的积累及其合成酶基因片段的克隆与转录表达. 北京: 北京林业大学硕士学位论文.

王树凤, 陈益泰, 徐爱春. 2007. 盐胁迫对 2 种珍贵速生树种种子萌发及幼苗生长的影响. 植物资源与环境学报, 16(1): 49-52.

王伟英, 李海明, 戴艺民, 等. 2016. 植物锌指蛋白的功能研究进展. 中国园艺文摘, 7: 3-5, 12.

王文柱, 张庆成. 1987. 大庆农业资源与区划. 哈尔滨: 黑龙江科学技术出版社.

王晓冬, 王成, 马智宏, 等. 2011. 短期 NaCl 胁迫对不同小麦品种幼苗 K^+ 吸收和 Na^+、K^+ 积累的影响. 生态学报, 31(10): 2822-2830.

王秀玲, 程序, 李桂英. 2010. 甜高粱耐盐材料的筛选及芽苗期耐盐性相关分析. 中国生态农业学报, 18(6): 1239-1244.

王怡. 2003. 三种抗旱植物叶片解剖结构的对比观察. 四川林业科技, 24(1): 64-67.

王颖, 杜荣骞, 赵素然. 1999. 高粱在盐胁迫下特定蛋白的表达及与耐盐性关系的研究. 作物学报, 25(1): 76-81.

王有华, 王素霞. 1994. 东北地区盐碱灾害及其治理. 东北水利水电, (10): 27-30.

王羽梅, 任安详, 潘春香. 2004. 长时间盐胁迫对苋菜叶片细胞结构的影响. 植物生理学通讯, 40(3): 289-292.

王越, 赵辉, 马凤江, 等. 2006. 盐碱地与耐盐碱牧草. 山西农业科学, 34(1): 55-57.

王转, 贾普平, 景蕊莲. 2003. 用抑制差减杂交法分离小麦幼苗水分胁迫诱导表达的 cDNA. 生物技术通报, (5): 36-39.

王遵亲. 1993. 中国盐渍土. 北京: 科学出版社: 470-483.

吴锦程, 陈建琴, 梁杰, 等. 2009. 外源一氧化氮对低温胁迫下枇杷叶片 AsA-GSH 循环的影响. 应用生态学报, 20(6): 1395-1400.

吴淑杭, 周德平, 姜震方. 2007. 盐碱地改良与利用研究进展. 上海农业科技, (2): 23-25.

吴文林, 吴穗洁. 2006. Rab 蛋白的结构、功能与研究展望. 台湾海峡, 25(4): 599-605.

吴雪霞, 朱月林, 朱为民, 等. 2007. 外源一氧化氮对 NaCl 胁迫下番茄幼苗光合作用和离子含量的影响. 植物营养与肥料学报, 13(4): 658-663.

吴艳红, 陈建龙, 许媛媛, 等. 2005. 多聚腺苷酸结合蛋白的结构与功能. 生命的化学, 25(4): 301-303.

夏卓盛, 吴跃明, 李新伟, 等. 2007. 紫花苜蓿铝胁迫抑制消减文库的构建和初步分析. 农业生物技术学报, 15(5): 805-809.

肖玮. 孙国荣. 阎秀峰, 等. 1995. 盐胁迫下星星草幼苗地上部无机离子的累积. 哈尔滨师范大学自然科学学报, 11(2): 82-85.

肖雯. 2002. 五种盐生植物营养器官显微结构观察. 甘肃农业大学学报, 37(4): 421-427.

谢潮添, 张元, 陈昌生, 等. 2011. 坛紫菜糖体蛋白 S7 基因的克隆与表达分析. 水产学报, 35(12): 1814-1821.

谢得意, 王惠萍, 王付欣, 等. 2000. 盐胁迫对棉花种子萌发及幼苗生长的影响. 中国棉花, 27(9): 12-13.

徐健遥, 蒋昌华, 石金磊, 等. 2010. 月季 eIF5A 基因的表达提高毕氏酵母高温和氧化胁迫的抗性. 复旦学报(自然科学版), 49(3): 273-280.

许培磊, 白吉刚, 王秀娟, 等. 2009. 低温对不同基因型黄瓜叶片蛋白质组的影响. 中国农业科学, 42(2): 588-596.

许祥明, 叶和春, 李国风. 2000. 植物抗盐机理的研究进展. 应用与环境生物学报, 6(4): 379-387.

许媛, 李铃仙, 于秀梅, 等. 2015. F-box 蛋白在植物抗逆境胁迫中的功能. 植物生理学报, 51(7): 1003-1008.

闫先喜, 赵檀方, 胡延吉. 1994. 盐胁迫预处理对大麦根尖分生区细胞超微结构的影响. 西北植物学报, 14(4): 273-277.

闫永庆, 王文杰, 朱虹, 等. 2009. 3 种杂交杨在不同盐碱地上的生长和生理适应性研究. 植物研究, 29(4): 433-438.

阎秀峰, 孙国荣. 2000. 星星草生理生态学研究. 北京: 科学出版社.

颜宏, 石德成, 尹尚军, 等. 2000. 盐、碱胁迫对羊草体内 N 及几种有机代谢产物积累的影响. 东北师大学报(自然科学版), 32(3): 47-52.

颜宏, 赵伟, 盛艳敏, 等. 2005. 碱胁迫对羊草和向日葵的影响. 应用生态学报, 16(8): 1497-1501.

阳燕娟, 郭世荣, 李晶, 等. 2011. 嫁接对盐胁迫下西瓜幼苗生长和可溶性蛋白表达的影响. 南京农业大学学报, 34(2): 54-60.

杨传平, 王玉成, 刘桂丰, 等. 2004. NaHCO₃ 胁迫下紫杆柽柳一些基因的表达. 植物生理与分子生物学学报, 30(2): 229-233.

杨春武, 李长有, 尹红娟, 等. 2007. 小冰麦(Triticum aestivum-Agropyron intermedium)对盐胁迫和碱胁迫的生理响应. 作物学报, 33(8): 1255-1261.

杨国会. 2010. 碱胁迫诱导小冰麦有机酸积累和分泌的研究. 西北农林科技大学学报(自然科学版), 38(7): 77-84.

杨红兰, 周雅, 张道远. 2015. 转乙醛脱氢酶基因 ALDH 棉花对干旱和高盐抗性研究. 新疆农业科学, 52(7): 1177-1182.

杨洪兵, 陈敏, 王宝山, 等. 2002. 小麦幼苗拒 Na⁺ 部位的拒 Na⁺ 机理. 植物生理与分子生物学学报, 28(3): 181-186.

杨洪兵, 丁顺华, 邱念伟, 等. 2001. 耐盐性不同的小麦根和根茎结合部的拒Na⁺作用. 植物生理学报, 27(2): 179-185.

杨洪兵. 2004. 苹果属植物抗盐机理的研究. 北京: 中国农业大学博士学位论文.

杨继涛. 2003. 植物耐盐性研究进展. 农艺科学, 19(6): 46-48, 51.

杨瑾, 王铭, 李涛, 等. 2011. 氮胁迫对雨生红球藻色素积累与抗氧化系统的影响. 植物生理学报, 47(2): 147-152.

杨微. 2007. 盐碱化土壤中四种常见盐分对碱地肤的胁迫作用比较. 长春: 东北师范大学硕士学位论文.

姚允聪, 王绍辉, 孔云. 2007. 弱光条件下桃叶片结构及光合特性与叶绿体超微结构变化. 中国农业科学, 40(4): 855-863.

叶春江, 赵可夫. 2002. 盐分胁迫对大叶藻某些胞内酶耐盐性及其生理功能的影响. 植物学报, 44(7): 788-794.

尹红娟. 2008. 虎尾草对盐碱混合胁迫的生理响应特点. 长春: 东北师范大学硕士学位论文.

尹喜霖, 王勇, 柏钰春. 2004. 浅论黑龙江省的土地盐碱化. 水利科技与经济, 10(6): 361-363.

於丙军, 罗庆云, 刘友良. 2003. NaCl 胁迫下野生和栽培大豆幼苗体内离子的再转运. 植物生理与分子生物学学报, 29(1): 39-44.

于凤芝. 2004. 不同草坪品种萌发期耐盐能力的研究. 黑龙江农业科学, (2): 6-9.

于延冲, 乔孟, 刘振华, 等. 2010. WRKY 转录因子功能的多样化. 生命科学, 22(4): 345-351.

袁琳, 克热木·伊力, 张利权. 2005. NaCl 胁迫对阿月浑子实生苗活性氧代谢与细胞膜稳定性的影响. 植物生态学报, 29(6): 985-991.

袁振宏, 吴创之, 马隆龙, 等. 2004. 生物质能利用原理与技术. 北京: 化学工业出版社.

苑盛华, 杨传平, 焦喜才, 等. 1996. 盐渍条件下种子的萌发特性. 东北林业大学报, 24(6): 41-46.

曾日中, 段翠芳, 黎瑜, 等. 2003. 茉莉酸刺激的橡胶树乳胶 cDNA 消减文库的构建及其序列分析. 热带作物学报, 24(3): 29-36.

翟中和, 王喜忠, 丁明孝. 2000. 细胞生物学. 北京: 高等教育出版社: 207-245.

张朝阳, 许桂芳. 2009. 利用隶属函数法对 4 种地被植物的耐热性综合评价. 草业科学, 26(2): 57-60.

张道远, 尹林克, 潘伯荣. 2003. 柽柳泌盐腺结构、功能及分泌机制研究进展. 西北植物学报, 23(1): 190-194.

张建新, 刘拉平, 彭玉奎, 等. 1997. 甜菜碱对小麦幼苗抗旱生理作用的研究. 陕西农业科学, (4): 21-22.

张景云, 吴凤芝. 2007. 盐胁迫对黄瓜不同耐盐品种膜脂过氧化及脯氨酸含量的影响. 中国蔬菜, (7): 12-15.

张俊莲, 张国斌, 王蒂. 2006. 向日葵耐盐性比较及耐盐生理指标选择. 中国油料作物学报, 28(2): 176-179.

张立军, 樊金娟. 2007. 植物生理学实验教程. 北京: 中国农业大学出版社: 19-101.

张立军, 梁宗锁. 2007. 植物生理学. 北京: 科学出版社.

张丽平, 王秀峰, 史庆华, 等. 2008. 黄瓜幼苗对氯化钠和碳酸氢钠胁迫的生理响应差异. 应用生态学报, 19(8): 1854-1859.

张士功, 高吉寅, 宋景芝. 1999. 甜菜碱对 NaCl 胁迫下小麦细胞保护酶活性的影响. 植物学通报, 16(4): 429-432.

张万钧. 1999. 盐渍土绿化. 北京: 中国环境科学出版社.

张文利, 沈文飚, 徐朗莱. 2002. 一氧化氮在植物体内的信号分子作用. 生命的化学, 22(1): 61-62.

张秀春, 李文彬, 夏亦荞, 等. 2010. AtNUDT8 过量表达的拟南芥转基因植株. 热带生物学报, 1(1): 8-11.

张艳艳, 刘俊, 刘友良. 2004. 一氧化氮缓解盐胁迫对玉米生长的抑制作用. 植物生理与分子生物学学报, 30(4): 455-459.

赵博生, 衣艳君, 刘家尧. 2001. 外源甜菜碱对干旱/盐胁迫下的小麦幼苗生长和光合功能的改善. 植物学通报, 18(3): 378-380.

赵可夫, 冯立田. 2001. 中国盐生植物资源. 北京: 科学出版社.

赵可夫, 李军. 1999. 盐浓度对 3 种单子叶盐生植物渗透调节剂及其在渗透调节中贡献的影响. 植物学报, 41(12): 1287-1292.

赵彦坤, 张文胜, 王幼宁, 等. 2008. 高 pH 对植物生长发育的影响及其分子生物学研究进展. 植物生态农业学报, 16(3): 783-787.

郑春芳, 姜东, 戴廷波, 等. 2010. 外源一氧化氮供体硝普钠浸种对盐胁迫下小麦幼苗碳氮代谢及抗氧化系统的影响. 生态学报, 30(5): 1174-1183.

郑敏娜, 李向林, 万里强, 等. 2009. 水分胁迫对 6 种禾草叶绿体、线粒体超微结构及光合作用的影响. 草地学报, 17(5): 643-649.

郑文菊, 王勋陵, 沈禹颖. 1999. 几种盐地生植物同化器官的超微结构研究. 电子显微学报, 18(5): 507-512.

郑文菊, 张承烈. 1998. 盐生和中生环境中宁枸杞叶显微和超微结构的研究. 草业科学, 7(3): 72-76.

周婵, 邹志远, 杨允菲. 2009. 盐碱胁迫对羊草可溶性蛋白质含量的影响. 东北师大学报(自然科学版), 41(3): 94-96.

周桂生, 李军, 董伟伟, 等. 2009. 海滨锦葵生长发育、产量和产量构成对盐分胁迫的影响. 中国油料作物学报, 31(2): 202-206.

周文彬, 邱报胜. 2004. 植物细胞内 pH 的测定. 植物生理学通讯, 40(6): 724-728.

朱晓军, 梁永超, 杨劲松, 等. 2005. 钙对盐胁迫下水稻幼苗抗氧化酶活性和膜脂过氧化作用的影响. 土壤学报, 42(3): 453-459.

朱宇旌, 张勇, 胡自治, 等. 2001. 小花碱茅根适应盐胁迫的显微结构研究. 中国草地, 23(1): 37-40.

宗会, 李明启. 2001. 钙信使在植物适应非生物逆境中的作用. 植物生理学通讯, 37(4): 330-335.

邹剑秋, 宋仁本, 卢庆善, 等. 2003. 新型绿色可再生能源作物——甜高粱及其育种策略. 杂粮作物, 23(3): 134-135.

Al-Khateeb SA. 2006. Effect of salinity and temperature on germination, growth and ion relations of *Panicum turgidum* Forssk. Bioresource Technology, 97(2): 292-298.

Almodares A, Hadi MR, Ahmadpour H. 2008. Sorghum stem yield and soluble carbohydrates under different salinity levels. African Journal of Biotechnology, 7(22): 4051-4055.

Alshammary SF, Qian YL, Wallner SJ. 2004. Growth response of four turfgrass species to salinity. Agricultural Water Management, 66(2): 97-111.

Apse MP, Aharon GS, Snedden WA, et al. 1999. Salt tolerance conferred by overexpression of a vacuolar Na^+/H^+ antiport in *Arabidopsis*. Science, 285(5431): 1256-1258.

Arasimowicz M, Floryszak-Wieczorek J. 2007. Nitric oxide as a bioactive signaling molecule in plant stress responses. Plant Science, 172(5): 876-887.

Archie R, Portis Jr. 1995. The regulation of Rubisco by Rubisco activase. Journal of Experimental Botany, 46: 1285-1291.

Ashraf M, Harris PJC. 2004. Potential biochemical indicators of salinity tolerance in plants. Plant Science, 166(1): 3-16.

Ashraf M, Öztürk M, Athar HR. 2006. Salinity and Water Stress Improving Crop Efficiency. New York: Springer-Verlag New York, LLC: 19-23.

Ballesteros E, Blumwald E, Donaire JP, et al. 1997. Na^+/H^+ antiport activity in tonoplast vesicles isolated from sunflower roots induced by NaCl stress. Physiologia Plantarum, 99(2): 328-334.

Ballesteros F, Donaire JP, Belver A. 1996. Effects of salt stress on H^+-ATPase and H^+-PPase activities of tonoplast-enriched vesicles isolated from sunflower roots. Physiologia Plantarum, 97(2): 259-268.

Bandeoğlu E, Eyidoğan F, Yücel M, et al. 2004. Antioxidant responses of shoots and roots of lentil to NaCl-salinity stress. Plant Growth Regulation, 42(1): 69-77.

Barkla BJ, Zingarelli L, Blumwald E, et al. 1995. Tonoplast Na^+/H^+ antiport activity and its energization by the vacuolar H^+-ATPase in the halophytic plant *Mesembryanthemum crystallinum* L. Plant Physiology, 109(2): 549-556.

Bassam NEI. 1998. Energy plant species-their use and impact on environment and development. London: James & James Ltd.

Bates PW, Vierstra RD. 1999. UPL1 and 2, two 405 kDa ubiquitin-protein ligases from *Arabidopsis thaliana* related to the HECT-domain protein family. Plant Journal, 20(2): 183-195.

Beligni MV, Lamattina L. 2000. Nitric oxide stimulates seed germination and de-etiolation, and inhibits hypocotyl elongation, three light inducible responses in plants. Planta, 210(2): 215-222.

Beligni MV, Lamattina L. 2001. Nitric oxide: a non-traditional regulator of plant growth. Trends in Plant Science, 6(11): 508-509.

Blumwald E. 2000. Sodium transport and salt tolerance in plants. Current Opinion in Cell Biology, 12(4): 431-434.

Bradford MM. 1976. A rapid and sensitive method for the quantification of microgram quantities of protein utilizing the principle of protein-dye binding. Analytical Biochemistry, 72: 248-254.

Britto DT, Kronzucker HJ. 2008. Cellular mechanisms of potassium transport in plants. Physiologia Plantarum, 133(4): 637-650.

Carter DR, Cheeseman JM. 1993. The effect of external NaCl on thylakoid stacking in lettuce plants. Plant, Cell and Environment, 16(2): 215-222.

Chaterton NJ, Carlson GE, Hungerford WE, et al. 1972. Effect of tillering and cool nights on photosynthesis and chloroplast starch in pangola. Crop Science, 12(2): 206-208.

Cheeseman JM. 1988. Mechanism of salinity tolerance in plant. Plant Physiology, 87(3): 547-550.

Chen WC, Cui PJ, Sun HY, et al. 2009a. Comparative effects of salt and alkali stresses on organic acid accumulation and ionic balance of seabuckthorn (*Hippophae rhamnoides* L.). Industrial Crops and Products, 30(3): 351-358.

Chen X, Wang Y, Li J, et al. 2009b. Mitochondrial proteome during salt stress-induced programmed cell death in rice. Plant Physiology and Biochemistry, 47(5): 407-415.

Colombo R, Cerana R. 1993. Enhanced activity of tonoplast pyrophosphatase in NaCl-grown cells of *Daucus carota*. Journal of Plant Physiology, 142(2): 226-229.

Cramer GR, Bowman DC. 1991. Short-term leaf elongation kinetics of maize in response to salinity are independent of the root. Plant Physiology. 95(3): 965-967.

Cramer G, Lauchli A, Polito VS. 1985. Displacement of Ca^{2+} and Na^+ form the plasmalemma of root cells: a primary response to salt stress? Plant Physiology, 79(1): 207-211.

Cui XH, Hao FS, Chen H, et al. 2008. Expression of the *Vicia faba VfPIP1* gene in *Arabidopsis thaliana* plants improves their drought resistance. Joural of Plant Research, 121(2): 207-214.

Dai LY, Yin KD, Zhang YX, et al. 2016. Screening and analysis of soda saline-alkali stress induced up-regulated genes in sugar sorghum. Maydica, 61-M9.

Dai LY, Zhang LJ, Jiang SJ, et al. 2014. Saline and alkaline stress genotypic tolerance in sweet sorghum is linked to sodium distribution. Acta Agriculturae Scandinavica, Section B - Soil & Plant Science, 64(6): 471-481.

Debez A, Ben Hamed K, Grignon C, et al. 2004. Salinity effects on germination, growth and seed production of the Halophyte *Cakile maritime*. Plant and Soil, 262(1): 179-189.

Demiral T, Türkàn I. 2004. Does exogenous glycinebetaine affect antioxidative system of rice seedlings under NaCl treatment? Journal of Plant Physiology, 161(10): 1089-1100.

Desikan R, Cheung MK, Bright J, et al. 2004. ABA, hydrogen peroxide and nitric oxide signalling in stomatal guard cells. Journal of Experimental Botany, 55(395): 205-212.

Diatchenko L, Lau YF, Campbell AP, et al. 1996. Suppression subtractive hybridization: a method for generating differentially regulated or tissue-specific cDNA probes and libraries. Proceedings of the National Academy of USA, 93(12): 6025-6030.

Du D, Gao X, Geng J, et al. 2016. Identification of key proteins and networks related to grain development in wheat (*Triticum aestivum* L.) by comparative transcription and proteomic analysis of allelic variants in *TaGW2-6A*. Frontiers in Plant Science, 7: 922.

Endo A, Nelson KM, Thoms K, et al. 2014. Functional characterization of xanthoxin dehydrogenase in rice. Journal of Plant Physiology, 171(14): 1231-1240.

Endress AG, Sjolund RD. 1976. Ultrastructural cytology of callus cultures of streptanthus tortuosus as affected by temperature. American Journal of Botany, 63(9): 1213-1224.

Fischer-Schliebs E, Ball E, Berndt E, et al. 1997. Differential immunological cross-reactions with antisera against the V-ATPase of *Kalanchoe daigremontiana* reveal structural differences of V-ATPase subunits of different plant species. Biological Chemistry, 378(10): 1131-1139.

Flowers TJ, Gaur PM, Gowda CLL, et al. 2010. Salt sensitivity in chickpea. Plant, Cell and Environment, 33(4): 490-509.

Fougère F, Rudulier DL, Streeter JG. 1991. Effects of salt stress on amino acid, organic acid and carbohydrate composition of root, bacteroids and cytosol of alfalfa (*Medicago sativa* L.). Plant Physiology, 96(4): 1228-1236.

Garbarino J, DuPont FM. 1988. NaCl induces a Na^+/H^+ antiport in tonoplast vesicles from barley roots. Plant Physiology, 86(1): 231-236.

Gaume A, Mächler F, León CD, et al. 2001. Low-P tolerance by maize (*Zea mays* L.) genotypes: significance of root growth, and organic acids and acid phosphatase root exudation. Plant and Soil, 228(2): 253-264.

Gong WL, Liu JM, Chen F, et al. 2006. Identification of *Festuca arundinacea* Schreb. *Cat1* catalase gene and analysis of its expression under abiotic stresses. Journal Integrative Plant Biology, 48(3): 334-340.

Gossett DR, Millhollon EP, Lucas MC. 1994. Antioxidant response to NaCl stress in salt tolerant and salt sensitive cultivar of cotton. Crop Science, 34(3): 706-714.

Greenway H, Munns R. 1980. Mechanisms of salt tolerance in nonhalophytes. Annual Review of Plant Physiology, 31: 149-190.

Grieve CM, Francois LE, Maas EV. 1994. Salinity affects the timing of phasic development in spring wheat. Crop Science, 34(6): 1544-1549.

Grieve CM, Lesch SM, Maas EV, et al. 1993. Leaf and spikelet primordia initiation in salt-stressed wheat. Crop Science, 33(6): 1286-1294.

Grieve CM, Maas EV. 1984. Betaine accumulation in salt-stressed sorghum. Physiologia Plantarum, 61(2): 167-171.

Guo LQ, Shi DC, Wang DL. 2010. The key physiological response to alkali stress by the alkaliresistant halophyte *Puccinellia tenuiflora* is the accumulation of large quantities of organic acids and into the rhyzosphere. Journal of Agronomy and Crop Science, 196(2): 123-135.

Guy RD, Warne PG, Reid DM. 1984. Glycinebetaine content of halophytes: Improved analysis by liquid chromatography and interpretations of results. Physiologia Plantarum, 61(2): 195-202.

Hamel P, Saint-Georges Y, Pinto BD, et al. 2004. Redundancy in the function of mitochondrial phosphate transport in *Saccharomyces cerevisiae* and *Arabidopsis thaliana*. Molecular Microbiology, 51(2): 307-317.

Hernández JA, Jlménez A, Mullineaux P, et al. 2000. Tolerance of pea (*Pisum sativum* L.) to long-term salt stress is associated with induction of antioxidant defences. Plant, Cell and Environment, 23(8): 853-862.

Hernández-Nistal J, Dopico B, Labrador E, et al. 2002. Cold and salt stress regulates the expression and activity of a chickpea cytosolic Cu/Zn superoxide dismutase. Plant Science, 163(3): 507-514.

Ibrahim EA. 2016. Seed priming to alleviate salinity stress in germinating seeds. Journal of Plant Physiology, 192: 38-46.

Jahnke LS. White AL. 2003. Long-term hyposaline and hypersaline stresses produce distinct antioxidant responses in the marine alga *Dunaliella tertiolecta*. Plant Physiology, 160(10): 1193-1202.

Jiang Y, Deyholos MK. 2006. Comprehensive transcriptional profiling of NaCl-stressed Arabidopsis roots reveals novel classes of responsive genes. BMC Plant Biology, 6(1): 1-20.

Kipreos ET, Pagano M. 2000. The F-box protein family. Genome Biology, 1(5): 30021-30027.

Kirsch M, Zhigang A, Viereck R, et al. 1996. Salt stress induces an increased expression of V-type H$^+$-ATPase in mature sugar beet leaves. Plant Molecular Biology, 32(3): 543-547.

Kishor P, Hong Z, Miao GH, et al. 1995. Overexpression of [delta]-pyrroline-5-carboxylate carboxylate synthetase increases proline production and confers osmotolerance in transgenic plants. Plant Physiology, 108(4): 1387-1394.

Kocsy G, Galiba G, Sutka J. 1991. *In vitro* system to study salt and drought tolerance of wheat. Acta Horticulturae, 2(89): 235-236.

Lacerda CF, Cambraia J, Oliva MA, et al. 2003. Solute accumulation and distribution during shoot and leaf development in two sorghum genotypes under salt stress. Environmental and Experimental Botany, 49(2): 107-120.

Lacerda CF, Cambraia J, Oliva MA, et al. 2005. Changes in growth and in solute concentrations in sorghum leaves and roots during salt stress recovery. Environmental and Experimental Botany, 54(1): 69-76.

Landfald B, Strøm AR. 1986. Choline-glycine betaine pathway confers a high level of osmotic tolerance in *Escherichia coli*. Journal of Bacteriology, 165(3): 849-855.

Lee KO, Jang HH, Jung BG, et al. 2000. Rice 1-Cys peroxiredoxin over-expressed in transgenic tobacoo does not maintain dormancy but enhances antioxidant activity. FEBS Letters, 486(2): 103-106.

Levitt J. 1980. Responses of plants to environmental stresses. Academic Press, pp375-393.

Li PH, Chen M, Wang BS. 2002. Effect of K$^+$ nutrition on growth and activity of leaf tonoplast V-H$^+$-ATPase and V-H$^+$-PPase of *Suaeda salsa* under NaCl stress. Acta Botanica Sinica, 44(4): 433-440.

Lin CC, Kao CH. 2000. Effect of NaCl stress on H$_2$O$_2$ metabolism in rice leaves. Plant Growth Regulation, 30(2): 151-155.

Lin CC, Kao CH. 1996. Proline accumulation is associated with inhibition of rice seeding root growth caused by NaCl. Plant Science, 114(2): 121-128.

Lippuner V, Cyert MS, Gasser CS. 1996. Two classes of plant cDNA clones differentially complement yeast calcineurin mutants and increase salt tolerance of wild-type yeast. The Journal of Biological Chemistry, 271(22): 12859-12866.

Liu H, Liu Y, Yu B, et al. 2004. Increased polyamines conjugated to tonoplast vesicles correlate with maintenance of the H⁺-ATPase and H⁺-PPase activities and enhanced osmotic stress tolerance in wheat. Journal of Plant Growth Regulation, 23(2): 156-165.

Loewus FA, Murthy PPN. 2000. Myo-inositol metabolism in plants. Plant Science, 150(1): 1-19.

Luttge U, Ratajczak R, Rausch T, et al. 1995. Stress responses of tonoplast proteins: an example for molecular ecophysiology and the search for eco-enzymes. Acta Botanica Neerlandica, 44(4): 343-362.

Maas EV, Grieve CM. 1990. Spike and leaf development of salt-stressed wheat. Crop Science, 30(6): 1309-1313.

Maathuis FJM, Amtmann A. 1999. K⁺ nutrition and Na⁺ toxicity: the basis of cellular K⁺/Na⁺ ratios. Annals of Botany, 84(2): 123-133.

Macfarlane GR, Burchett MD. 2000. Cellular distribution of copper, lead and zinc in the grey mangrove, *Avicennia marina* (Forsk.) Vierh. Aquatic Botany, 68(1): 45-59.

Manners JM, Penninckx IAMA, Vermaere K, et al. 1998. The promoter of the plant defensin gene PDf1.2 from Arabidopsis is systemically activated by fungal pathogens and responds to methyl jasmonate but not to salicylic acid. Plant Molecular Biology, 38(6): 1071-1080.

Martinoia E, Maeshima M, Neuhaus HE. 2007. Vacuolar transporters and their essential role in plant metabolism. Journal of Experimental Botany, 58(1): 83-102.

Mccue KF, Hanson AD. 1990. Drought and salt tolerance: towards understanding and application. Trends in Biotechnology, 8: 358-362.

McLenna AG, Cartwright J, Gasmi L. 2000. The human NUDT family of nucleotide hydrolases widespread enzymes of diverse substrate specificity. Advances in Experimental Medicine and Biology, 486: 115-118.

McLennan AG. 2006. The Nudix hydrolase superfamily. Cellular and Molecular Life Sciences, 63(2): 123-143.

Mitsuya S, Takeoka Y, Miyake H. 2000. Effects of sodium chloride on foliar ultrastructure of sweet potato (*Ipomoea batatas* Lam.) plantlets grown under light and dark conditions *in vitro*. Journal of Plant Physiology, 157(6): 661-667.

Mittova V, Tal M, Volokita M, et al. 2003. Up-regulation of the leaf mitochondrial and peroxisomal antioxidative systems in response to salt-induced oxidative stress in the wild salt-tolerant tomato species *Lycopersicon pennellii*. Plant, Cell and Environment, 26(6): 845-856.

Munns R, Termaat A. 1986. Whole-plant responses to salinity. Australian Journal of Plant Physiology, 13(1): 143-160.

Munns R, Tester M. 2008. Mechanisms of salinity tolerance. Annual Review of Plant Biology, 59(1): 651-681.

Munns R. 2002. Comparative physiology of salt and water stress. Plant, Cell and Environment, 25(2): 239-250.

Nagamiya K, Motohashi T, Nakao K. et al. 2007. Enhancement of salt tolerance in transgenic rice expressing an *Escherichia coli* catalase gene, *katE*. Plant Biotechnology Reports, 1(1): 49- 55.

Nassery H, Baker DA. 1972. Extrusion of sodium ions by barley roots. II. Localization of the extrusion mechanism and its relation to long-distance sodium ion transport. Annals of Botany, 36(5): 889-895.

Neill SJ, Desikan R, Hancock JT. 2003. Nitric oxide signaling in plants. New Phytologist, 159(1): 11-35.

Netondo GW, Onyango JC, Beck E. 2004. Sorghum and salinity: I. response of growth, water relations, and ion accumulation to NaCl salinity. Crop Science, 44(3): 797-805.

Ogawa T, Ueda Y, Yoshimura K, et al. 2005. Comprehensive analysis of cytosolic Nudix hydrolases in *Arabidopsis thaliana*. The Journal of Biological Chemistry, 280(26): 25277-25283.

Ohkawa H, Imaishi H, Shiota N, et al. 1998. Molecular mechanisms of herbicide resistance with special emphasis on cytochrome P450 monooxygenases. Plant Biotechnology, 15(4): 173-176.

Ohnishi T, Gall RS, Mayer ML. 1975. An improved assay of inorganic phosphate in the presence of extralabile phosphate compounds: application to the ATPase assay in the presence of phosphocreatine. Analytical Biochemistry, 69(1): 261-267.

Otoch MLO, Sobreira ACM, Aragão MEF, et al. 2001. Salt modulation of vacuolar H^+-ATPase and H^+-pyrophosphatase activities in *Vigna unguiculata*. Journal of Plant Physiology, 158(5): 545-551.

Parida AK, Das AB, Mittra B. 2003. Effects of NaCl stress on the structure, pigment complex composition, and photosynthetic activity of mangrove *Bruguiera parviflora* chloroplasts. Photosynthetica, 41(2): 191-200.

Parks GE, Dietrich MA, Schumaker KS. 2002. Increased vacuolar Na^+/H^+ exchange activity in *Salicornia bigelovii* Torr. in response to NaCl. Journal of Experimental Botany, 53(371): 1055-1065.

Peng YH, Zhu YF, Mao YQ, et al. 2004. Alkali grass resists salt stress through high $[K^+]$ and an endodermis barrier to Na^+. Journal of Experimental Botany, 55(398): 939-949.

Perozich J, Nicholas H, Wang BC, et al. 1999. Relationships within the aldehyde dehydrogenase extended family. Protein Science, 8(1): 137-146.

Petrusa LM, Winicov I. 1997. Proline status in salt-tolerant and salt-sensitive alfalfa cell lines and plants in response to NaCl. Plant Physiology and Biochemistry, 35(4): 303-310.

Pitman MG. 1984. Transport across the roots and shoot/root interactions. *In*: Staples RC, Toenniessen GH. *Salinity tolerance in plants: strategies for crop improvement*. New York: John Wiley and Sons: 93-123.

Qian YL, Wilhelm SJ, Marcum KB. 2001. Comparative responses of two kentucky bluegrass cultivars to salinity sties. Crop Science Society of America, 41(6): 1895-1900.

Qiu N, Chen M, Guo J, et al. 2007. Coordinate up-regulation of V- H^+ -ATPase and vacuolar Na^+/H^+ antiporter as a response to NaCl treatment in a C3 halophyte *Suaeda salsa*. Plant Science, 172(6): 1218-1225.

Qiu Y, Yu D. 2009. Over-expression of the stress-induced *OsWRKY45* enhances disease resistance and drought tolerance in *Arabidopsis*. Environmental and Experimental Botany, 65(1): 35-47.

Qu XX, Huang ZY, Baskin JM, et al. 2008. Effect of temperature, light and salinity on seed germination and radicle growth of the geographically widespread halophyte shrub *Halocnemum strobilaceum*. Annals of Botany, 101(2): 293-299.

Queirós F, Fontes N, Silva P, et al. 2009. Activity of tonoplast proton pumps and Na^+/H^+ exchange in potato cell cultures is modulated by salt. Journal of Experimental Botany, 60(4): 1363-1374.

Ramoliya PJ, Pandey AN. 2003. Effect of salinization of soil on emergence, growth and survival of seedlings of *Cordia rothii*. Forest Ecology and Management, 176(1-3): 185-194.

Rao GG, Rao GR. 1986. Pigment composition and chlorophyllase activity in Pigeon pea (*Cajanus indicus* Spreng.) and gingelly (*Sesamum indicum* L.) under NaCl salinity. Indian Journal of Experimental Biology, 19: 768-770.

Rausell A, Kanhonou R, Yenush L, et al. 2003. The translation initiation after eIF1A is an important determinant in the tolerance to NaCl stress in yeast and plants. The Plant Journal, 34(3): 257-267.

Rehman S, Harris PJC, Bourne WF, et al. 1997. The effect of sodium chloride on germination and the potassium and calcium contents of *Acacia* seeds. Seed Science and Technology, 25(25): 45-57.

Sakamoto A, Murata N. 2000. Genetic engineering of glycinebetaine synthesis in plants: current status and implications for enhancement of stress tolerance. Journal of Experimental Botany, 51(342): 81-88.

Sakamoto H, Maruyama K, Sakuma Y, et al. 2004. *Arabidopsis* Cys2/His2-type zinc-finger proteins function as transcription repressors under drought, cold, and high-salinity stress conditions. Plant Physiology, 136(1): 2734-2746.

Santa-Cruz A, Acosta M, Rus A, et al. 1999. Short-term salt tolerance mechanisms in differentially salt tolerant tomato species. Plant Physiology Biochemistry, 37(1): 65-71.

Sarvesh A, Anuradha M, Pulliah T, et al. 1996. Salt stress and antioxidant response in high and low proline producing cultivars of niger, *Guizotia abyssinica* (L.f) Cass. Indian Journal of Experimental Biology, 34(3): 252-256.

Schachtman DP. 2000. Molecular insights into the structure and function of plant K(+) transport mechanisms. Biochimica et Biophysica Acta, 1465(1-2): 127-139.

Seneoka H, Nagasaka C, Hahn DT, et al. 1995. Salt tolerance of glycinebetaine-deficient and containing maize lines. Plant Physiology, 107(2): 631-638.

Serrano R, Gaxiola R. 1994. Microbial models and salt stress tolerance in plants. Plant Science, 13(2): 121-138.

Shalata A, Neumann PM. 2001. Exogenous ascorbic acid (vitamin C) increases resistance to salt stress and reduces lipid peroxidation. Journal of Experimental Botany, 52(364): 2207-2211.

Shalata A, Tal M. 1998. The effect of salt stress on lipid peroxidation and antioxidants in the leaf of the cultivated tomato and its wild salt-tolerant relative *Lycopersicon pennellii*. Physiologia Plantarum, 104(2): 169-174.

Shi DC, Sheng YM. 2005. Effect of various salt-alkaline mixed stress conditions on sunflower seedling and analysis of their stress factors. Environmental and Experimental Botany, 54(1): 8-21.

Shi DC, Yin SJ, Yang GH, et al. 2002. Citric acid accumulation in an alkali-tolerant plant *Puccinellia tenuiflora* under alkaline stress. Acta Botanica Sinica, 44(5): 537-540.

Shi HZ, Kim YS, Guo Y, et al. 2003. The Arabidopsis *SOS5* locus encodes a putative cell surface adhesion protein and is required for normal cell expansion. The Plant Cell, 15(1): 19-32.

Silva P, Façanha A, Tavares R, et al. 2010. Role of tonoplast proton pumps and Na^+/H^+ antiport system in salt tolerance of *Populus euphratica* Oliv. Journal of Plant Growth Regulation, 29(1): 23-34.

Silva P, Gerós H. 2009. Regulation by salt of vacuolar H^+-ATPase and H^+-pyrophosphatase activities and Na^+/H^+ exchange. Plant Signaling and Behavior, 4(8): 718-726.

Singh NK, Handa AK, Hasegawa PM, et al. 1985. Protein associated with adaptation of cultured tobacco cells to NaCl. Plant Physiology, 79(1): 126-137.

Skibbe DS, Liu F, Wen TJ, et al. 2002. Characterization of the aldehyde dehydrogenase gene families of *Zea mays* and *Arabidopsis*. Plant Molecular Biology, 48(5): 751-764.

Soussi M, Ocaña A, Lluch C. 1998. Effect of salt stress on growth, photosynthesis and nitrogen fixation in chick-pea (*Cicer arietinum* L.). Journal of Experimental Botany, 49(325): 1329-1337.

Steudle E. 2000. Water uptake by roots: effect of water deficit. Journal of Experimental Botany, 51(350): 1531-1542.

Su J, Shen QX, David Ho TH, et al. 1998. Dehydration-stress-regulated transgene expression in stably transformed rice plants. Plant Physiology, 117(3): 913-922.

Szczerba MW, Britto DT, Kronzucker HJ. 2009. K^+ transport in plants: physiology and molecular biology. Journal of Plant Physiology, 166(2009): 447-466.

Tamura T, Hara K, Yamaguchi Y, et al. 2003. Osmotic stress tolerance of transgenic tobacco expressing a gene encoding a membrane-located receptor-like protein from tobacco plants. Plant Physiology, 131(2): 454-462.

Tanaka K, Kondo N, Sugahara K. 1982. Accumulation of hydrogen peroxide in chloroplasts of SO_2 fumigated spinach leaves. Plant and Cell Physiology, 23(6): 999-1007.

Tang C, Turner NC. 1999. The influence of alkalinity and water stress on the stomatal conductance, photosynthetic rate and growth of *Lupinus angustifolius* L. and *Lupinus pilosus* Murr. Australian Journal of Experimental Agriculture. 39(4): 457-464.

Tao R, Uratsu SL, Dandekar AM, et al. 1995. Sorbitol synthesis in transgenic tobacco with apple cDNA encoding NADP-dependent sorbitol-6-phosphate dehydrogenase. Plant and Cell Physiology, 36(3): 525-532.

Tarczynski MC, Jensen RG, Bohnert HJ. 1992. Expression of a bacterial *mtlD* gene in transgenic tobacco leads to production and accumulation of mannitol. Proceedings of the National Academy of Sciences, 89(7): 2600-2604.

Tester M, Davenport R. 2003. Na^+ tolerance and Na^+ transport in higher plants. Annals of Botany, 91(5): 503-527.

Vani B, Saradhi PP, Mohanty P. 2001. Alteration in chloroplast structure and thylakoid membrane composition due to *in vivo* heat treatment of rice seedlings: correlation with the functional changes. Journal of Plant Physiology, 158(5): 583-592.

Vierstra RD. 2003. The ubiquitin/26S proteasome pathway, the complex last chapter in the life of many plant proteins. Trends in Plant Science, 8(3): 135-142.

Waditee R, Hibino T, Nakamura T, et al. 2001. Overexpression of a Na^+/H^+ antiporter confers salt tolerance on freshwater cyanobacterium, making it capable of growth in sea water. Proceedings of the National Academy of Sciences of the United States of America, 99(6): 4109-4114.

Wang B, Lüttge U, Ratajczak R. 2001a. Effects of salt treatment and osmotic stress on V-ATPase and V-PPase in leaves of the halophyte *Suaeda salsa*. Journal of Experimental Botany, 52(365): 2355-2365.

Wang HW, Su JH, Shen YG. 2003. Difference in response of photosynthesis to bisulfite between two wheat genotypes. Acta Photophysiologica Sinica, 29(1): 27-32.

Wang TW, Lu L, Wang D, et al. 2001b. Isolation and characterization of senescence-induced cDNAs encoding deoxyhypusine synthase and eucaryotic translation initiation factor 5A from tomato. The Journal of Biological Chemistry, 276(20): 17541-17549.

Weis P, Windham L, Burke DJ, et al. 2002. Release into the environment of metals by two vascular salt marsh plants. Marine Environmental Research, 54(3-5): 325-329.

Widell S, Larsson C. 1990. A critical evaluation of markers used in plasma membrane purification. *In*: Larsson C, Moller IM. *The plant plasma membrane*. Berlin: Springer Verlag: 16-43.

Xu D, Duan X, Wang B, et al. 1996. Expression of a late embryogenesis abundant protein gene, *HVA1*, from barley conferred tolerance to water deficit and salt stress in transgenic rice. Plant Physiology, 110(1): 249-257.

Xu DQ, Huang J, Guo SQ, et al. 2008. Overexpression of a TFIIIA-type zinc finger protein gene *ZFP252* enhances drought and salt tolerance in rice (*Oryza sativa* L.). FEBS Letters, 582(7): 1037-1043.

Yamada S, Katsuhara M, Kelly WB, et al. 1995. A family of transcripts encoding water channel proteins: tissue-specific expression in the common ice plant. Plant Cell, 7(8): 1129-1142.

Yang CP, Wang YC, Liu GF, et al. 2004. Study on gene expression of Tamarix under $NaHCO_3$ stress using SSH technology. Acta Genetica Sinica, 31(9): 926-933.

Yang Y, Dong C, Yang S, et al. 2015. Physiological and proteomic adaptation of the alpine grass *Stipa purpurea* to a drought gradient. PLoS ONE, 10(2): e0117475.

Zeier J, Delledonne M, Mishina T, et al. 2004. Genetic elucidation of nitric oxide signaling in incompatible plant-pathogen interactions. Plant Physiology, 136(1): 2875-2886.

Zhang CK, Lang P, Dane F, et al. 2005a. Cold acclimation induced genes of trifoliate orange (*Poncirus trifoliate*). Plant Cell Reports, 23(10-11): 764-769.

Zhang HX, Blumwald E. 2001. Transgenic salt-tolerant tomato plants accumulate salt in foliage but not in fruit. Nature Biotechnology, 19(8): 765-768.

Zhang JS, Xie C, Li ZY, et al. 1999. Expression of the plasma membrane H^+-ATPase gene in response to salt stress in a rice salt-tolerant mutant and its original variety. Theoretical and Applied Genetics, 99(6): 1006-1011.

Zhang LX, Kirkham MB. 1994. Drought-stress-induced changes in activities of superoxide dismutase, catalase, and peroxidase in wheat species. Plant and Cell Physiology, 35(5): 785-791.

Zhang S, Klessig DF. 2001. MAPK cascades in plant defense signaling. Trends in Plant Science, 6(11): 520-527.

Zhang YX, Wang Z, Chai TY, et al. 2008. Indian mustard aquaporin improves drought and heavy-metal resistance in tobacco. Molecular Biotechnology, 40(3): 280-292.

Zhang Y, Mian MAR, Chekhovskiy K, et al. 2005b. Differential gene expression in *Festuca* under heat stress conditions. Journal of Experimental Botany, 56(413): 897-907.

Zheng N, Schulman BA, Song L, et al. 2002. Structure of the Cul1-Rbx1-Skp1-F box Skp2 SCF ubiquitin ligase complex. Nature, 416(6882): 703-709.

Zhu JK. 2000. Genetic analysis of plant salt tolerance using Arabidopsis. Plant Physiology, 124(3): 941-948.